探险家眼中
的地球

[美]约翰·法里斯（John Faris）｜著　　地球科普翻译组｜译

四色
图文版

地震出版社

Seismological Press

图书在版编目（CIP）数据

探险家眼中的地球 /（美）约翰·法里斯
(John Faris) 著；地球科普翻译组译 . -- 北京：地震
出版社 , 2021.6
　书名原文 : Real Stories of the Geography
　ISBN 978-7-5028-5143-9

Ⅰ . ①探… Ⅱ . ①约… ②地… Ⅲ . ①地球—青少年
读物 Ⅳ . ① P183-49

中国版本图书馆 CIP 数据核字 (2020) 第 215499 号

地震版　XM4521/P（6003）

探险家眼中的地球

　［美］约翰·法里斯　　　著
　地球科普翻译组　　　译
　责任编辑：李肖寅
　责任校对：王亚明

出版发行：**地 震 出 版 社**
　　　　　北京市海淀区民族大学南路 9 号　　　　　邮编：100081
　　　　　发行部：68423031　　68467991　　　　 传真：68467991
　　　　　总编室：68462709　　68423029
　　　　　证券图书事业部：68426052
　　　　　http : //seismologicalpress.com
　　　　　E-mail : zqbj68426052@ 163. com
经销：全国各地新华书店
印刷：北京彩虹伟业印刷有限公司

版（印）次：2021 年 6 月第一版　2021 年 6 月第一次印刷
开本：710×960　1/16
字数：237 千字
印张：15
书号：ISBN 978-7-5028-5143-9
定价：69.00 元

    在写给年轻人的地理书中讲述那些勇敢的探险家的故事时，应尽量描写得生动、有趣，就好比有人在大声喊"山的那边有宝物！"，于是这些探险家就立刻行动起来，排除万难、不怕艰险地踏上了寻宝之旅。

    那些勇敢、坚定的探险家总有一种深重的使命感，一阵阵海风好像正在召唤他们："努力航行！继续向前！"当我们讲到非洲时，就会想起蒙戈·帕克和他的焦利巴小船，利文斯通和他的玛−罗伯特小轮船；讲到南美洲时，就会想到冯·洪堡、兰多、罗斯福与坎迪多·龙东上校等人的故事，他们的事迹都应记载下来以激励年轻人。说完这些探险家，我们会带着读者一起看看刘易斯、克拉克、泽布伦·派克看到过的壮丽风景，还有约翰·菲奇的地图、约翰·菲尔逊克服万难的情形……说到这里，我们想起了本杰明·富兰克林和他绘制的世界上第一幅墨西哥湾流图，这为真正喜欢研究地理学的人开辟了一条大路。

    这些探险家的奇妙故事读起来真的可以让地图变得生动起来。读者完全可以在初步学习各大洲、各大洋及各群岛地理知识的时候阅读本书。本书中的图片及图注可以帮助读者记忆相关知识，延展知识面，也可以让读者一边阅读故事一边学习变得更有趣味。

幼发拉底河

马尔代夫岛屿

格陵兰岛

熔岩流入太平洋

目　录 Contents

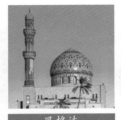
巴格达

亚历山大港

爪哇岛上的塞武寺

土著部落男孩

第三编　非洲：5 个男探险家和 1 个女探险家

第四编　南美洲中心的探险家

树皮船

印度古城

秘鲁彩虹山

太平洋灰鲸

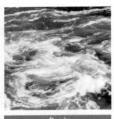

急流

北冰洋

里约热内卢鸟瞰图

美丽的北极光

第八编　对南北两极的探寻

第一编
哥伦布时代之前

Real Stories of the Geography

第一章
古代的地理学

巨大的好奇心加上超凡的想象力，才能够成就世界上最好的事业。

我们都读过詹姆斯·瓦特发明蒸汽机的故事，但是在瓦特注意到水壶内

冒出的蒸汽以前，早已有千百万人充满好奇地注意过蒸汽，觉得蒸汽是种奇妙的东西。但是瓦特不同，他不仅有好奇心，还富有想象力。好奇心加上想象力，驱使他在蒸汽方面做了很多实验并最终发明了工业用蒸

◇**蒸汽机**

世界上第一台将蒸汽转变为动力的机器叫汽转球，是由古罗马数学家希罗于公元1世纪发明的。大约1679年时，法国物理学家丹尼斯·巴本制造了第一台蒸汽机的工作模型。托马斯·塞维利、托马斯·纽科门分别于1698年、1712年制造了早期的工业蒸汽机。后来瓦特逐渐发现早期蒸汽机的弊端，在1765年到1790年间对蒸汽机进行了一系列的改良，使其效率大大提高，从此将人类真正带入工业社会。

◇**哥伦布**

克里斯托弗·哥伦布（1451—1506年），意大利航海家。为建立贸易航线和开辟殖民地以扩充财富，西班牙王室给予哥伦布极大的支持。哥伦布共进行过四次航行，分别到达圣萨尔瓦多岛、大安的列斯群岛、小安的列斯群岛、委内瑞拉等地，并宣布它们为西班牙所有。他开辟了延续几个世纪的欧洲探险和殖民的大时代，对西方世界的发展有着不可估量的影响。

汽机。艾萨克·牛顿绝对不是第一个看见苹果落地的人，在他之前有很多人都曾看到过这一现象，也有人产生过好奇，觉得苹果从树上自然掉落是件很奇怪的事，但是从没有人想要好好研究一下并弄明白为什么会这样。牛顿却这样做了，他不仅对苹果落地的现象感到好奇，还试着加以分析并做各种实验来研究这件事，最终得出了万有引力定律。早在本杰明·富兰克林出生前一千多年，人们就会放风筝了，只有本杰明·富兰克林在好奇心和想象力的驱使下利用风筝来做实验，最终证明天上的雷电与人工摩擦产生的电具有完全相同的性质。

在好奇心、想象力、对贵重金属（如金、银、锡等矿产）或贵重商品（如香料）渴望的驱使下，人们开始乘风破浪，到海外去做危险而漫长的探险。这种探险开启了人类地理学的发现，让我们更加了解我们赖以生存的地球。

在很长一段时期，人类的活动范围大致就是住宅的四周及邻近的小范围区域，人们对于地球、地理没有什么了解，更谈不上宏观的认识。人类与生俱来的好奇心让他们努力幻想或猜想这个世界到底是什么样子的，然而他们的好奇只是一种脑部活动，他们没有去做实际考察。直到很久以后，随着人类活动范围的不断扩大，人们不仅具有对地球、地理方面的好奇心，还有了实际需要。正是在想象和欲望的驱使下，人们开始去探险。试想一下，如果克里斯托弗·哥伦布没有对黄金和其他贵重物品的强烈渴望与想象，那他绝不会冒着巨大的危险远渡重洋去寻找新航线；如果马凯特没有强大的想象力和受欲望、野心的驱使，他可能就不会发现密西西比河。

毋庸讳言，最早对地理产生兴趣的人都是拥有极强好奇心和想象力的人。当时的知识不足以解答他们的疑惑，他们只好充分运用想象力来构建大千世界。当然，他们当中的很多人对地理的想法基于一定的事实——一部分来自自己的观察，另一部分则来自早期航海家写的航海日志或航海报告。

在这些早期的"想象家"中，就包括大名鼎鼎的古希腊诗人荷马。荷马大约出生于3000年前，那时候人类的知识体系还很不完善，人们对地理更是缺少认知。因为一眼望去看到的地表是平坦而开阔的，所以荷马对地球的想象就是一个扁平的、偏椭圆的球体，四周被一条液体的腰带——大洋河包围着。这条大洋河被称作俄刻阿诺斯。地球上的土地被俄刻阿诺斯一分为二，一面形成了地中海，另一面则形成了尤克森，即黑海。在地球和宇宙的中间耸立着很多高大的柱子，这些巨柱从俄刻阿诺斯河中立起，支撑着日月星辰，日月星辰完成自己的"工作"后会回到俄刻阿诺斯河中。

现在来看，荷马的地理知识是不科学的，然而在当时这些想法是非常难能可贵的。在荷马的想象中包含了很多地理知识，反映了早期人类对地球的探索。由于时代所限，荷马对他的故土以外的各大洲没有什么认知，但是他对地中海沿岸的地理情况掌握得很清楚。他知道小亚细亚的海岸，也知道希腊附近的岛屿。他对西西里的地理情况很了解，对今天意大利的其余地区也有广泛的认识。他应该还听说过关于地中海西部的许多故事和传说，对埃及北部也有相当的了解。虽然他没有使用东、南、西、北这类方位词，但是能用黎明、日出及天黑、黄昏等词描述方向。

荷马在他的作品《奥德赛》中讲到的英雄奥德修斯的航海及其伟大的冒险事业，在地理方面给了我们非常好的启示。读者朋友们应该都听说过特洛伊战争，这场战争发生在希腊人与爱琴海沿岸小亚细亚半岛上的特洛伊人之间，历时十年之久。《奥德赛》讲述了希腊人奥德修斯在战后归途中遇到的种种困难和挑战。

奥德修斯从特洛伊经过爱琴海南归的途中曾遇到暴风雨，航船被巨大的风浪送到"吃食落拓枣者"的居住地——该地大约位于非洲北部。在这里，奥德修斯的三个从人吃了原住民给的落拓枣后就忘了家乡及亲友。此后，奥德修斯的船又被风吹到了西西里，西西里是库克罗普斯民族——独眼巨人——的居处。奥德修斯及从人逃出险境后就到了埃俄罗斯的家里。埃俄罗斯是守风之神，住在利帕拉群岛的一个岛上。

如果你们追溯奥德修斯所走的路，就能知道他是怎样受到风的影响的。风把他吹到离希腊很远的地方去了。奥德修斯到埃俄罗斯家后，埃俄罗斯就将一

◇**爱琴海海湾**

位于爱琴海悬崖边的海湾。爱琴海位于希腊半岛和小亚细亚半岛之间，为地中海的一部分。爱琴海是黑海沿岸国家去往地中海以及大西洋、印度洋的必经水域，在航运和战略上具有重要地位。它不仅是西方文明的摇篮，更是浪漫旅程的象征。

切逆风收藏起来并封闭在一个袋子里，又把这个袋子送交奥德修斯。于是他一路顺风，经过地中海，打算驶回故乡。但是他的从人对袋子里的东西很好奇，就在半路等主人熟睡后贸然将袋子解开，结果那些逆风逃走了。逆风把奥德修斯的船吹到西西里和意大利间的海峡里。据当时一般人的信仰，这个海峡是由两个凶恶的妖魔——斯奇拉和卡律布狄斯看守着。奥德修斯的船到达这里后几个从人被妖魔俘虏了，他们的船几乎全部被毁坏。

　　经过了太多的危险，奥德修斯的船丧失了功能，人员也损失了一部分。最后承蒙诸神的恩惠，费阿刻斯人的国王被奥德修斯感动了，国王给予他很大的帮助。奥德修斯经过万千困难，终于平安地重返故乡——希腊西方的伊萨卡。

　　读者可参阅几个述说奥德修斯冒险事业的希腊神话，看看奥德修斯在途中还有没有其他的遭遇。

　　荷马必须有相应的地理知识，才能写出这么动听的故事。

　　伊阿宋寻找"金羊毛"的时候，并没有现代化的船只。他带领了49名水手——都是探险家——乘坐一艘名为阿尔戈的帆船，在海中经历了一切艰难险阻。这艘帆船的船头是用橡木雕成的。这些英雄从希腊东海岸的帖撒利出发，沿途经过爱琴海，经历并克服了很多危险，如铜羽鸟、浮行石、吸火牛等。他们游历了莱姆诺斯岛后又游历了达达尼尔海峡、马尔马拉海和博斯普鲁斯海峡等地，随后来到黑海。故事里，那个"金羊毛"被吊在黑海东部的尽头，看守它的是一条最凶恶的龙。当你们读到伊阿宋降龙和夺取"金羊毛"故事的时候一定会非常感兴趣的。有些学者相信这个故事是关于寻找黄金的最有趣的记载，并且伊阿宋航海确有其事，它是人类有史以来第一次重要的远洋航行。

　　后来，虽然人类的想象力渐渐退化，但好奇心以及对铁、锡和食物的需求足以驱使他们远渡重洋。于是他们开始离家远行，不久就能绘制出简单的地图了。

　　有史以来第一个绘制地图的人是阿那克西曼德。阿那克西曼德大约诞生于荷马后200年（前580年）。当时的人们对阿那克西曼德很不满意，因为他相信地球并不是扁平体，而是立体的，并悬在布满星辰的广阔天宇中。阿那克西曼德并不相信地球是个球形物，他认为地球是个圆柱体，就像石柱一样。他绘制的地图很简单，但是他的工作却是地理学的真正发端，因为他绘制的地图使人类开启了对远方的求知欲，使人们有意愿去探求地球未知的各个部分。自他以

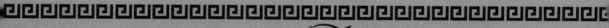

◇古希腊神话剪影

古希腊（公元前800—前146），位于欧洲南部、地中海东北部，主要包括今巴尔干半岛南部、小亚细亚半岛西岸和爱琴海、伊奥尼亚海中的许多岛屿和群岛，于公元前五六世纪时产生了辉煌灿烂的古希腊文化，对后世有着深远的影响。古希腊人在哲学、历史、建筑、文学、戏剧、雕塑等方面都有很深的造诣。古希腊文明遗产在其灭亡后被古罗马人破坏性地继承下来，成为整个西方文明的精神源泉。

后，地理学家的工作就是尽力地探求他们未知的事物。

阿那克西曼德之所以被我们现在所看重，不仅因为他在地图方面所做的贡献，还因为他是欧洲日晷的发明者——有了日晷，人类才能计算出纬度。从这一点上来看，他给了后来的探险家们莫大的帮助。因为有了日晷，探险家们就可以比较准确地计算路程，就能知道他们所到的地方距离出发地到底有多远了。

阿那克西曼德去世后80年，地理学家赫克特斯出生了。赫克特斯被称为"地理的鼻祖"，因为他将当时人类几乎所有的地理知识都记载了下来，还记载了许多人不知道的地理知识。他相信世界是扁平体，也相信世界上有两个面积相等的大洲——欧洲与亚洲，这两个大洲间有三片大海，即地中海、黑海和里海。至于非洲，他了解得比较少，但是他知道尼罗河，他曾通过这条河流航行到底比斯。当他到达底比斯的时候，与该处的神职人员谈过话，对方告诉了他很多关于埃及长生马的故事、类人猿的样子以及该地原住民捕捉鳄鱼的方法。赫克特斯到家后就将这些故事记载到了他写的书里。

◇地球

地球是太阳系八大行星之一，于46亿年前起源于原始的太阳星云，是太阳系中直径最大、质量最大、密度最大的类地行星，距离太阳约1.5亿千米。地球自西向东自转，同时围绕太阳公转。地球表面积约5.1亿平方千米，其中约71%为海洋，约29%为陆地。地球内部有地核、地幔、地壳，地球外部有水圈、大气圈及磁场。地球是目前人们已知的宇宙中唯一存在生命的天体，是上百万种生物的家园。

希罗多德既是西方历史学的鼻祖，又是一个大游历家。他著作里描写的关于各国的情形都是以亲身考察为根据的，并非凭空捏造。

第二章
希罗多德的游历

公元前445年，雅典城来了一个名叫希罗多德的外乡人。他到雅典以后就将在外游历的见闻说给雅典城的人听，其中最有趣的是关于腓尼基探险家的故事。

大约在公元前600年，有几个腓尼基人奉埃及法老尼科二世的命令从红海向南航行。这些人一直往南行驶，直到所带的粮食吃光了才停止前进。他们

◇**埃及法老**

法老是对古埃及国王的尊称，是埃及语的希伯来文音译，意为大房屋。在古王国时代（约公元前2686—前2181年），法老仅指王宫，从新王国第十八王朝图特摩斯三世起才开始逐渐演变为对国王的尊称。自第二十二王朝（公元前945—前712年）后，法老成为国王的正式头衔。法老是古埃及的最高统治者，掌握全国的军政、司法、宗教大权。图为公元前14世纪时的法老图坦卡蒙死后所戴的面具。

不得不在非洲上岸，靠种植小麦维持生活。待农事结束后他们又继续前行，越过非洲最南端（即现在的好望角），然后一直向西行进，沿着非洲大陆的西海岸，航行到直布罗陀海峡沿岸，在海克力斯之柱间前行，随后他们又从地中海转回埃及。这次航行大约用了3年时间。

没有人能够确定这个故事的真实性。如果是真的，此次航行便是人类有史以来在这条线路上的首次航行。

公元前484年，希罗多德生于小亚细亚的哈利卡纳苏斯。他首次旅行时年仅20岁。后来他游历埃及，经尼罗河一直来到第一瀑布。他了解到昔兰尼这一希腊的殖民地位于非洲北部埃及以西。他又游历了黑海的北岸，那里有很多希腊殖民地，当地人从事小麦、羊毛和海产品等贸易。他也游历过巴比伦，见识过底格里斯河和幼发拉底河间程度较高的文明。他在暮年时期居住在意大利。

希罗多德游历结束后，对当时很多地理学家的成就并不欣赏，因为他们画的地图完全不对，他们以为地球是个扁平体，中间是面积相等的欧亚两大洲，四周被一片大洋包围。希罗多德说，我们已知的那一部分欧洲就已经比亚、非二洲大了。他头脑中的非洲大陆比真正的非洲大陆要小得多，他认为自己到了尼罗河的尽头就已经走完了南非洲的大半部分。

至于黑海以北的广大地区，希罗多德一点儿都不了解。他不能断定北方还有多大的陆地，也不知道在陆地以北是否还有海洋。他说多瑙河发源于比利牛斯山，经过凯尔特人的居住地流入黑海。他说多瑙河的流域面积和尼罗河的流域面积相等；尼罗河发源于非洲西海岸附近，在它还没有流到埃及境内时就直转北上了。

各位读者朋友，你们认为希罗多德关于这几条河的见解有什么错误吗？

他说阿拉伯半岛向南方伸出很远，比亚洲其他任何地方都要远得多。他说腓尼基人常到阿拉伯南岸去搜集香料，据那里的原住民说，香料是最难采集的。阿拉伯原住民这样说大约有两个原因：一是他们想要借此强调香料的价值，二是他们想要防止别人在这种最有利可图的商业中与其竞争。他们又说那里有许多奇怪的家伙看守着香料和其他货物。看守乳香的是一种长有翅膀的毒蛇，如果人们想要采集乳香，就必先用一种有特殊气味的烟来赶走毒蛇。浅水中的肉桂由一种非常凶恶的飞鼠看守，去采肉桂的人必须用皮革遮住身体才能免去危险。

据希罗多德说，阿拉伯的红海面积很大，普通的橹船需40天才能航行完，它南部尽头的海面却极为狭窄，这种橹船用半天时间就可以跨过。在这两个事实上，希罗多德所说的没有大的错处。

他并没有到过亚洲和非洲，可是也曾讲述了许多关于这两大洲的奇异故事。比如，他说在印度的旷野中有一种奇特的蚂蚁，专门收集黄金。这些蚂蚁个头比狗矮小，但是比狐狸大些。它们在沙地里营造巢穴，也像普通的蚂蚁一样在穴外筑成很大的土堆。这些沙地中藏有很多黄金，当地的原住民时常来这里搜取黄金。每个人用3头骆驼将黄金搬运回去。

原住民趁那些蚂蚁躲避日光时将黄金装在布袋里（装的时候动作越快越好，千万不要让那些蚂蚁察觉）。它们的嗅觉极为灵敏，行动又极为迅速，如果它们知道有人盗取黄金，一定会赶上盗金的人并将他们杀死。

这里所说的蚂蚁也可能是指该处的原住民，因为古希腊人总爱将一些在当

◇**迦太基遗址**

迦太基，存在于公元前8世纪—前146年，为一强盛的奴隶制国家，位于今北非突尼斯北部，与古罗马隔海相望。首都迦太基城的遗址是到突尼斯旅游的必游之地，残存遗迹多是古罗马人在占领该地后重建的。

地工作的人形容成蚂蚁。

希罗多德还讲述一个关于黄金的故事，那是迦太基人与非洲原住民在海克力斯之柱外的沿海地带交易的故事。迦太基商人把货物按顺序一件一件地摆在海岸上，接着在货物旁边点起一堆火，再回到船上去。非洲原住民看见海边的火后就会跑到摆放货物的地方，看过货物后，将黄金放在货物旁边。等原住民离开后，迦太基商人又走上岸来看看原住民究竟放了多少黄金——即他们愿意支付的价格——如果商人满意，就将货物留下，把黄金搬到船上；如果商人不满意，就离开货物走上船，让原住民再加些黄金。直到商人对原住民所出的价格满意了，交易才算成功。买家与卖家一句话不用说，也不用见面，这笔贸易就能完成。有趣的是，现在非洲仍有一些人采用这种交易方法。

希罗多德还讲过一个比较奇特的故事，说在印度生长着一种野树，不产果子却产"羊毛"。这种"羊毛"比真正的羊毛要漂亮一些，质量也要好一些，原住民都用它来做衣服。其实，这种野树就是我们现在所说的棉花。

◎**章首语**

曾统领数十万大军、开创庞大帝国的亚历山大大帝，绝对想不到2000年以后研究地理的人要追溯他走过的路程。

第三章
亚历山大大帝与亚洲

◇**亚历山大大帝**

亚历山大大帝（公元前356—前323），古代马其顿国王，亚历山大帝国的缔造者，世界古代史上著名的军事家、政治家。他足智多谋，在位的短短13年里，建立起了一个横跨欧亚非三大洲的庞大帝国，创下了辉煌业绩。亚历山大去世后，帝国便分崩离析了。

亚历山大大帝位列欧洲历史上四大军事统帅之首，他说自己是阿喀琉斯的子孙。阿喀琉斯是荷马著作《伊利亚特》里的英雄。亚历山大认为自己是英雄的后裔，在战争中时常表现出超人的胆量。

"亚历山大是阿喀琉斯的后裔"的说法也许只是附会，但亚历山大确有其人。他15岁时就拜亚里士多德为师，是个头脑聪明的学生。在他所读的所有书籍中，他特别喜欢荷马的《伊利亚特》，甚至在睡觉的时候都把书放在枕头下。有一个故事讲述了他在学校发生的一件事，足以表明他的思想。现将其摘引如下。

亚里士多德教书的学校有很多学生，其中有一些国王的儿子。有一次，亚里士多德问其中一个王子："当你将来继承父亲大业当国王的时候，打算给我什么好处呢？"那个学生回答说："以后我做国王，与你食必同席，吩咐所有臣民尊重你。"亚里士多德随后又问另外一个学生同样的问题，那个学生说："我做国王以后一定请你管理国家的财政并当我的国师。无论我遇到什么难题，都一定先征求你的意见。"随后亚里士多德又问亚历山大："那么，我的孩子，当你承继了父亲腓力的王位后，打算怎样对待我呢？"亚历山大说："未来的事情无法预料，你有什么权力来问我这个问题呢？我到那个时候才能给你答复。"听到这样的回答，亚里士多德大声说道："说得好，说得好，亚历山大，世界帝王！我相信你将来一定会成为王中之王。"

在亚历山大16岁那年，父亲腓力二世要外出征战，就将国政大权授与亚历山大。两年后，亚历山大协助父亲打了一场胜仗。在他20岁时，父亲去世了，亚历山大继承了王位。

亚历山大即位后很快就成为一个有名的统帅。在他13年的统治中，他不仅是一位有为的国王，更是一位出色的探险家。公元前334年，他跨过达达尼尔海峡（古称赫勒斯滂），统率大军与波斯的大流士展开激战。当时波斯的国土从地中海一直延伸到尼罗河。在亚历山大的统率下，他的军队战无不胜、攻无不克，战胜了大流士的60万大军。于是叙利亚的各座城市都归降亚历山大。亚历山大随即跨过大漠直取埃及，并且在尼罗河的卡诺珀斯附近建立了一个亚历山大港。

当亚历山大还在非洲的时候，大流士又集合了4万骑兵和100万步兵。于是亚历山大离开埃及来到叙利亚北部。到了叙利亚，亚历山大向东渡过幼发拉底河，将5万大军留驻在美索不达米亚北部一带的燥热地区，直到他到达底格里斯河才将驻扎在美索不达米亚的军队撤回来。他渡河4天后遇见了大流士，随即在阿贝拉将大流士的军队打败。亚历山大取得阿贝拉战役的胜利后，长驱直入波斯。巴比伦和苏萨都欢迎他们的新国王。虽然前面有山地阻碍，但是亚

历山大没有停下脚步，他继续进军，攻取了波斯波利斯。

　　亚历山大的军队受到赫拉特人和喀布尔人的引导，来到了兴都库什。那年冬天他们就驻扎在这里。亚历山大在兴都库什的时候又建造了一座城市，这座城市离喀布尔的距离只有40英里①。

　　公元前328年春，亚历山大越过兴都库什山，到了奥克萨斯河的上游。这次行军过程极

◇**亚历山大港**
　　亚历山大港是埃及的第二大城市、亚历山大省省会，是该国最大的港口。该港口位于开罗西北208千米处。尼罗河现已干枯的入海口位于亚历山大港东19千米处，古城卡诺珀斯的遗迹就在此地。

---

① 1英里=5280英尺=63360英寸=1609.344米=1.609344千米。

为艰辛，因为兴都库什山离海面有1.6万英尺^①的距离，必须等到暮春时节冰雪消融后才能通行。因此，亚历山大的军队从兴都库什山走到巴克特利亚竟用了17天的时间。

亚历山大带领军队渡过了奥克萨斯河，当时并没有船只，只能用皮革、藁秸等物做成类似船形的工具渡河。当他们正要渡过查克萨提斯河迎战斯基泰人时，不料后方的巴克特利亚人和索格底人忽然倒戈，亚历山大不得不退回后方以肃清内乱。他随后占领了马拉坎达，即现在的撒马尔罕。

◇**中亚细亚的田野风光**

古老的巴尔巴尔雕像矗立在中亚细亚阴天的田野上。中亚细亚即中亚地区，狭义上讲包括土库曼斯坦、乌兹别克斯坦、吉尔吉斯斯坦、塔吉克斯坦和哈萨克斯坦。这一地区东南部为山地，地震频繁，属山地气候，其余地区为平原、丘陵、沙漠，气候干旱。

---

① 英尺：英文 foot，英国及其前殖民地和英联邦国家使用的长度单位，美国等国家也使用。1 英尺 =0.00018939393939394 英里 =12 英寸 =0.3048 米。

公元前327年，亚历山大重新越过兴都库什山，经过一个不大知名的区域到达印度河，又从印度河来到海杨河即现在的杰赫勒姆河。亚历山大在海杨河两岸建了两座城市，一座叫尼卡卡，一座叫比塞弗勒斯。后者以亚历山大最爱的马的名字命名，因为此马死后就葬在那里。不过现在这两座城市早就消失了。

亚历山大军中的士兵因为离家太久常有怨言，于是他转回比塞弗勒斯组建了一个船队，打算将部分军队经由海杨河和印度河运回阿拉伯海。一些早期的地理学家称阿拉伯海为厄立特里亚海。亚历山大组建的这个船队共有80艘船，每艘船上有30把橹，此外还有2 000艘小船。这些船都是用喜马拉雅山上的树木制造的。船造成以后军队的部分成员由海杨河回到了阿拉伯海。船中所载的人员只有亚历山大及小部分军士，其余的人步行返回。

因为沿途要攻克一些城池，所以亚历山大在路上足足用了9个月的时间。亚历山大觉得一切都已准备就绪，打算开辟印度河两头的出口，再到印度洋。当时的希腊人仅仅听说过有印度洋这个地方，并没有去过。当亚历山大看见印度洋的潮水时感到异常惊讶——那里的海浪高达9英尺，来去迅猛。令他始料不及的是，那些小船都被海浪掀翻了。

他的军队有一部分经由海运回到巴比伦。海船由印度河西口沿着俾路支海岸经阿曼湾与波斯湾，到达底格里斯河。亚历山大自己直接由巴比伦和苏萨前进，与经由海道驶回的船队相互呼应。第三部分军队由陆路折回，沿途经过现在的俾路支，这些人饱受炎热与饥渴之苦长达60天之久。

后来3支军队都在卡曼尼亚会合。卡曼尼亚位于波斯湾的出口，土地肥沃、物产丰富，他们从卡曼尼亚启程后一路都很平安。

在亚历山大心里有另一个出征计划，如果这个计划实现了，对于人类地理知识的进步一定有所贡献。他想围绕阿拉伯航行一周，用兵舰将其攻克。他在菲利基造了47艘大船，再经由陆路运往幼发拉底河。到了幼发拉底河，他派人把破损的船只修好后驶入巴比伦。

亚历山大在喜马拉雅山修造的船只大大扩充了船队规模，但他仍不满意，于是他又用柏木添造船只，并且建了一个可容纳1 000艘战船的规模巨大的船厂。

造船的同时，亚历山大派遣了很多间谍到阿拉伯沿海去打探情况。间谍回

◇幼发拉底河

幼发拉底河是中东名河，全长约2 800千米，发源于土耳其安纳托利亚高原和亚美尼亚高原，流经叙利亚、伊拉克，是西南亚最大的河流。幼发拉底河与底格里斯河共同界定了美索不达米亚。公元前3400年左右，两河流域最早的居民苏美尔人创造了楔形文字、60进制计数法，计算出了圆周分割率。

报后，亚历山大有了攻打阿拉伯的打算，不料随后他却因热病去世了。亚历山大逝世于公元前323年，年仅33岁。

由于亚历山大没有精确测量距离的仪器，只是以骆驼或马的步幅来计算路程，所以我们并不能精确地还原他的进军路线。

◎**章首语**

　　早期地理学家所讲的那些所谓的知识只是事实与寓言的结合体。但亚里士多德始终相信大西洋不仅很浅，而且有淤泥；托勒密也曾谈到过一个无人知晓的地域。他们在地理学中都具有相当的地位。

第四章
从亚里士多德到托勒密

　　亚历山大的老师亚里士多德比他晚去世一年。亚里士多德被后世称为地理学的真正发现者。他说地球是个球形物体，圆形是最完美的形状。在他之前的人也是这么说的，但是亚里士多德还说了很多别的理由——一切东西都有坠

◇**亚里士多德**

　　亚里士多德（公元前384—前322），古希腊伟大的哲学家、科学家和教育家。他是柏拉图的学生、亚历山大的老师。马克思称亚里士多德是古希腊哲学家中最博学的人，恩格斯称他为"古代的黑格尔"。他是一位百科全书式的科学家，其著作构建了西方哲学第一个广泛系统，包含道德、美学、逻辑、科学、政治和玄学。

◇**直布罗陀海峡**

直布罗陀海峡是沟通地中海和大西洋的海峡，位于西班牙最南部和非洲西北部之间，长58千米，最窄处位于西班牙的马罗基角和摩洛哥的西雷斯角之间，仅13千米宽。

入地球中心的趋势（重心律）；月食发生时，地球在月亮上映着一个圆形的影子。

亚里士多德还有一种见解，他认为在很久以前，当地球静止时是宇宙的中心，其他一切星辰都围绕它运行，那些星辰也都是球形物体。他坚持说：地球的体积比恒星的体积要小得多，因为一个人从某地到另一地时可以发现极大的地形差异。他不相信人类能够在赤道地带和北部寒带生存，所以他断定南半球肯定有一个温带，只不过他还不敢断定那里是否有人类居住。

亚里士多德关于欧洲、亚洲和非洲等地的地理观念是很奇特的。他和希罗多德一样相信伊斯特河（多瑙河）发源于比利牛斯山。他说，斐西斯河是亚洲的一条大河，而没有提及底格里斯河和幼发拉底河。他断定尼罗河发源于所谓的银山。比亚里士多德晚几百年出生的人们对他有所批评，因为他说里海与其他水域是分开的，并且有人类在里海的四周居住。现今的地图已经证明亚里士多德关于里海的话是正确的。

亚里士多德相信直布罗陀海峡水浅且多泥，并且这个区域内不会起太大的风。这种论调可能来源于迦太基和腓尼基的商人们造的谣言，他们不愿意别人在商业上与其竞争，因此才不得不这么说。

在亚里士多德去世后的数百年里，人们在地理方面的知识一直在增加。地中海地区的商业极大地繁盛起来，罗马人的胜利也给了古代地理学家们很大的帮助，使他们熟悉世界各地的情形。埃拉托色尼的著作和亚历山大图书馆中的著作又给探险家们以极大的激励。凯撒所著的《高卢战记》记述了高卢及莱茵河下游的探险故事，对探险家们也有同样的影响。

当时最著名的地理学家是斯特拉博。他在其著作中总结了奥古斯都大帝时代人们已经知道的地理知识，批评了前人各种错误的地理观念，并且提出了一种新的学理。他说，从大西洋一直往西行就可以直达亚洲。读者朋友都知道，千余年后的哥伦布的思想也是如此。

亚历山大图书馆在长达500年的时间里搜集着地理方面的资料。埃及的地理学家托勒密所著的地理学说与地图、资料大部分是从这一图书馆得来的。托勒密还时常倾听探险家们的故事，计算他们的行程，然后判断他们所到的位置。他这样做的结果是完成了一张地图。这张地图虽然并不太完善，也并不太准确，然而较之前的地图至少前进了一大步。该地图中尽管有些错误，终归还是中世纪之前最好的地图。

托勒密经过研究，认为世界的形状像一个球体的截面。他认为亚洲东部是一块狭窄的陆地，与印度洋以南一片未被人类发现的陆地相连。该陆地西接非洲，使印度洋四周被陆地包围。在印度洋中，他指明锡兰是一个大岛屿，面积与印度半岛相等。至于亚洲西部地区，只有波斯与阿拉伯两地与此情形大致相同。非洲的尼罗河从埃塞俄比亚一直往北流

◇托勒密

克罗狄斯·托勒密（约90—168），相传生于埃及的一个希腊化城市赫勒热斯蒂克。他是罗马帝国统治下的著名的天文学家、地理学家、占星学家和光学家。

淌，这种观点是没有错误的。不过他在地图上的撒哈拉沙漠中画了许多河流与湖泊，与事实不符。这与他假定撒哈拉是非洲大陆上一处膏腴之地有关。他所绘地图中的地中海、红海、黑海以及里海的位置都很准确，同时地中海沿岸以及海中各个岛屿的位置和形状也标得很清楚，现在的人可以一目了然。

托勒密在绘制地图的过程中，将伊比利亚半岛的圣维森特角当作"已知世界"的尽头。福条内梯群岛（即加那利群岛）就位于该角旁边的"西洋"中。从这些神秘的群岛往东到"未知世界"，即延伸至印度洋的陆地，其间的距离是从此处到非洲最南端距离的 2 倍。

托勒密去世以后几百年，欧洲人的地理知识并没有多大的进步。如果有人相信地球是球形的，就会被学者斥为妖言惑众。中世纪时西方学者把耶路撒冷当作世界的中心，并且画了一些地图作为证明。埃及人科斯马斯的意见就是如此。他绘制的地图问世于535年，他断定地球是扁平的。科斯马斯认为如果地球是球形的，地球另一边的人必定站不住。他说：日落的原因是太阳晚上要在北方的一个大山中过夜，借以消磨光阴。

幸运的是，在这几百年中托勒密绘制的地图一直由阿拉伯人妥善保存，当时的阿拉伯人不仅控制着贸易通道，还控制着整个学术的中心。因此，他们对托勒密的地图极为重视，阿拉伯的探险家们还从地图上得到很多指引。

托勒密地理方面的作品在1410年由阿拉伯文翻译为拉丁文，欧洲人热心地研究这些作品。当时欧洲人已经准备要对那些把耶路撒冷当作世界中心的荒谬地图进行彻底的修改。当哥伦布计划从西方到东方旅行时，托勒密的地图及相关说明就已经很出名了。地图上亚洲的位置比实际偏东一点。哥伦布越研究托勒密和托斯卡内利的学说（后者相信前者关于印度河方面的知识）就越坚信：如果从欧洲向西一直行驶，最终一定可以直抵印度。于是他从欧洲出发，发现了新大陆。这才是现代地理纪元的真正开端。

◎**章首语**

"明天，我们将要研究辛德巴德的第三次航海历程。"你们相信教师要将《天方夜谭》作为参考书吗？如果不信，你们会拿出什么样的理由？如果你们把《天方夜谭》中的故事完全当作寓言，那就大错特错了。

第五章
阿拉伯人与地理学

许多关于地理方面的奇异故事都是由阿拉伯人讲述的。8世纪，信仰伊斯兰教的阿拉伯人征服了阿姆河与印度河间的所有国家，以及地中海与撒哈拉等区域，欧亚二洲间的贸易通道会经过这些区域。当信仰基督教的国家对地理知识还没产生兴趣时，阿拉伯人就因控制了各大贸易通道而搜集了很多地理方面的资料。

当时阿拉伯人所了解的地理知识大半是些类似寓言的东西，他们在海洋方面的观念也有很多错误。他们对地理知识的了解不仅不准确，还毫无系统可言。不过当欧洲人重新研究地理的时候，还是从他们的认知中得到了一些收获。

阿拉伯人对海洋知识的认知之所以奇异，是因为他们不敢在海洋中航行。他们固执地认为海中的旋涡会伤害探险家。一个阿拉伯作家说：海水是没边没岸的，因此航船都不敢离开海岸往远处航行。因此，水手们虽然知道风向，但不确定海风要将他们的船吹到哪里。又因海中没有可见的陆地，他们绝对不敢冒着生命危险前行，更不想在水雾里生死未卜。

可是阿拉伯人在海岸附近还是做过很多次航行，了解到很多关于中国、印度、东非、锡兰岛、苏门达腊以及波斯的事。他们是首先得知亚洲真实情况的人。他们在非洲东海岸设立了许多商业驿站，又在桑给巴尔开辟了几处

殖民地。他们从尼罗河上游直入苏丹，获得了大量的象牙、黄金和奴隶。在商业中心巴格达和巴士拉，阿拉伯商人沿美索不达米亚的河流一直来到波斯湾。他们居住在锡兰岛，游历于印度海岸间，搜集来自广州的货物。他们的足迹从咸海和里海一直延伸到欧洲的伏尔加区域。

直到8世纪，人们对地理知识才真正产生兴趣。一些地理爱好者把军人、官吏、商人和探险家们的研究结果搜集起来，将它们补充到前人的著作中。

伊本·考尔达巴就是从事这种工作的人。他认为地球是一个居于天体中的圆球形物体，好像蛋黄之于蛋体一样。在这个球体上有4条伟大的贸易通道，他对这4条通道做了详细的说明。但是他也时常给人们讲一些奇异的现象，比如，长达1 200英尺的鲸鱼、能吞食巨象的大蛇、像马匹一样大的海马，等等。他还提到亚历山大港的法里斯的镜子，说通过这面镜子人们可以看见全城发生的事情。身为现代人，读者一定会认为这些故事和辛德巴德水手的故事一样荒唐。

但是我们也不能把辛德巴德的故事当作寓言来看，有些故事是以事实为依据的。虽然《天方夜谭》里所描述的 7 次海上旅行所到的国度中只有两个是有名字的，但是据人们详细的考证，辛德巴德或许真的到过印度洋的几个地方。后来，人们就把商人经历的真实事件编成故事。

辛德巴德也是首次从巴士拉港出发，后来抵达日本。他的本意是想到达所谓的香料群岛。

辛德巴德第二次旅行时同行者把他抛弃在一座岛上，或许这座岛屿就是马达加斯加。据说他在岛上遇见一只巨鸟，这只鸟把他带到了钻石谷即印度。辛德巴德想了一个逃跑的办法。他把自己的身体系在一大块肉上，肉的上面钉满钻石。一只巨鸟看到肉后就把肉衔到巢穴里。这个故事依据的就是马可·波罗及其他商人的故事。至于故事中的巨鸟，后来人们在马达加斯加发现了它的少许遗迹，它的体形是鸵鸟的 6 倍。据说，巴黎的博物馆里还保存着这种鸟卵的化石。

辛德巴德在进行第三次旅行时来到了中国。据说，他的航船曾被猿人毁坏，也有人说他的航船是在苏门达腊遭到毁坏的。传说他逃出猿人的魔掌后去了马鲁古搜集香料，然后才返回巴格达城。

辛德巴德第四次旅行时来到了一个奇异的国度，他在那里受到极佳的礼遇，并娶了妻子。但是当地有个习俗，就是夫妻的任一方去世，另一方就要同死人一起被放入深坑陪葬。辛德巴德的妻子不幸病故，他也被当地人按习俗投入深坑。历经波折，辛德巴德终于在深坑中跟随一只小野兽的足迹找到了出口。死里逃生后，他发现自己在大海悬崖边。过了许多天，他终于被过往的船只搭救，后来回到了巴格达城。

辛德巴德第五次旅行时在海上遇到了"海老人"，有人说那是婆罗洲或苏门达腊的一种巨猿。在辛德巴德回家以前，他进行贸易的地点就是现在印度的科罗曼德尔海岸。

在第六次旅行的故事中，他曾说到锡兰岛及其岛王送与哈里发赫鲁纳·拉德的礼物。

◇香料

香料又称香原料，是一种用以调制香精的原料。除个别品种外，大部分香料不能单独使用。我国香料应用历史悠久，始于5000年前的神农时代。上古先民把香料作为敬神明、祭祀、清净身心和丧葬之用，后来逐渐用于饮食、装饰和美容。中世纪时阿拉伯人开始经营香料业。中世纪后亚欧间有了贸易往来，香料是重要货物之一。中国香料经丝绸之路运往西方。

他第七次旅行的目的是专门给锡兰岛王送礼物。所以，辛德巴德的故事也可以算作阿拉伯人地理知识的一部分。辛德巴德居住的城里有一个人名字叫阿卜杜勒·哈桑·阿里，他还有一个名字叫马苏第。他曾游历过许多国家和地区，比如波斯、印度、锡兰岛、中亚细亚、北非洲、西班牙等。他在所写的一本书中提到过其了解到的地理知识。这本书全书分为 32 章，在第 8 章中他说：

"地理学家把地球分为东、西、南、北四个部分，分为'有人'和'无人'两个区域。他们说地球是球形的，又说有人的区域始于威斯特洋中的幸运岛，至中国的尽头为止，是地球圆周的一半。地球的经度则始于赤道，止于北冰洋。这里最长的日照时间达20小时。从赤道到北冰洋中间的距离大于60°，约是地球周长的1/6。"

阿拉伯人的地理知识有很多被传到了西方国家。后来，西方国家的人也很重视并热心研究地理了。

第六章
白图泰——阿拉伯的游历家

生于摩洛哥的阿拉伯人伊本·白图泰是中世纪时期伟大的探险家之一。1325年，21岁的白图泰开始了长途旅行。他的旅行全程约有7.5万英里，历时30年之久，交通方式包括步行、骑马和乘船。游历结束后人们送给他"游历家"的称号。有一次，他遇见一个人也号称"游历家"。不过白图泰知道此人并没有到过中国、西班牙，也没到过尼格罗人（黑种人）所在的区域。白图泰很高兴地说："我已经战胜他了，因为我到过这些地方。"

当时，除白图泰外还有几名长途旅行者。他在中国遇到一个叫布思里的人，此人的家乡与白图泰的家乡丹吉尔很近。后来，白图泰在撒哈拉的边界又遇到了布思里的兄弟。布思里的兄弟在撒哈拉热情地招待了白图泰，白图泰称赞他说："这么远你还来看我，可见咱们兄弟间的情义啊！"

白图泰第一次旅行时的路线是由非洲北部到亚历山大港。他在那里遇到一个人，此人对他说："你在印度拜访我兄弟的同时也要拜访我在中国的兄弟。"正是这句话使他计划做一次长期旅行。他原本没有去亚洲的打算，但是他总觉得自己应该去游历亚洲。白图泰知道旅行充满艰难困苦，但他是一个内心坚定且勇敢的人。

白图泰在到亚洲之前决定先去开罗一游，然后由开罗去往被他称为世界五大河流之一的尼罗河。在旅行中他注意到尼罗河的水是从南向北流的，与其他

◇撒哈拉沙漠

撒哈拉在阿拉伯语中意为沙漠之边。撒哈拉沙漠位于非洲北部，大约形成于250万年前，是世界第一大荒漠，气候极为恶劣，是地球上最不适合生物生存的地方之一。其面积900多万平方千米，约占据了世界沙漠总面积的1/3，也约占据了非洲总面积的1/3。

河流的流向相反。他到达努比亚后返回开罗，又经过苏伊士的热带沙漠地区来到耶路撒冷。

白图泰无论到了什么地方，总相信别人说的话。他在耶路撒冷以北的贝鲁特旅行时，听说这里有一个穷人家的女儿要结婚了，但她父亲十分忧愁，因为没有什么合适的东西给女儿当嫁妆。父亲将这一苦恼告诉了朋友。朋友让他将所有的铜器以及所能借来的钢器收集起来埋在地下。器具埋好以后，朋友点起一把火，将它们熔化。接下来，朋友在熔化的金属上倒了些炼金水，金属熔液立刻变成了黄金。白图泰觉得这个炼金的故事是很重要的，当时的人为了将普通金属变成黄金，都想学会炼金术。

不久他又来到巴格达这座《天方夜谭》中提到的都市，之后又来到了大马士革，再经波斯返回阿拉伯，并游历了伊斯兰教圣城麦加。与白图泰同行的还有很多人。

◇巴格达

巴格达是伊拉克首都，也是巴格达省的首府，是世界历史文化名城。巴格达之名来自波斯语，意为"神的赠赐"。在公元前18世纪的《汉谟拉比法典》中就提到了巴格达这一重镇。巴格达横跨底格里斯河，距幼发拉底河仅30多千米，是东西方交通要道，其铁路向北通往叙利亚和土耳其，向南延伸至波斯湾。

后来，白图泰又旅行到印度的德里，苏丹委任他当审判官，报酬丰厚。几年后，白图泰因拜访一个侮辱苏丹的人而失去了苏丹的宠爱，但是不久就官复原职。随后苏丹派他出使中国，苏丹对他说："我知道你很喜欢游历各国。"

白图泰的任务是转交德里苏丹国送给中国皇帝的贵重礼物。中国皇帝曾经送给苏丹很多贵重的礼物，包括：500件衣裳、150个奴婢、100盒麝香、5件珍珠衫、5个金镶剑筒和5把嵌珠宝剑。中国皇帝在送这些礼物时提出一个要求，即在印度的山中建立一所庙宇，此庙仍然受苏丹的统治。苏丹收到礼物后，还礼给中国皇帝10件用金镶制的御衣、100匹上等印度布料、100匹名马鞍、200个奴婢、200件绸衣、500件红花色衣、1000套颜色各异的衣服，以及各种金银器皿、嵌珠宝剑和嵌珠剑筒。苏丹关于建庙的答复是：中国必须缴纳重税才能在印度国土上修建庙宇。

白图泰从德里动身，是经由陆路到海岸的。他在沿海岸航行了900英里才到达卡利卡特——印度著名的口岸。白图泰又从卡利卡特乘中国最大的沙船开始了下一步行程。船上有船夫上千人、水手600人、兵士400人。每艘船上有4个甲板、许多公共和私人客舱。舱中设有更衣室，配有日常用品。船中的水手常常用木盆栽种花草、生姜等植物。船主是一个很有名气的人物。上岸时，他手下的人手持刀枪、奏着军乐走在前面。船上所用的橹很像船桅，每只橹需10到30人操控。摇橹的人分列两排，一一对立，橹的上面系着粗麻绳，只需用手摇绳，船即起航。每次摇绳的时候，水手们都发出呐喊声彼此鼓励。

　　因为沙船上的设备不大合白图泰的意，他又另外雇了一只小船，船名克康。他将自己的东西全都搬上了船，但是直到船开的时候他都没有上船。令他始料不及的是，载有礼物的船在航行途中发生了危险，礼物全部丢失了。白图泰不敢回去觐见苏丹，因为他知道苏丹必会责问他为何不亲自上船押货。无奈之下他只好逃到马

◇皇帝

　　"皇帝"是中国帝制时期最高统治者的称号。华夏民族上古的三皇五帝都只是部落首领或部落联盟的首领，秦始皇嬴政统一六国后认为自己"德兼三皇、功盖五帝"，于是创"皇帝"一词作为华夏民族最高统治者的正式称号。秦始皇嬴政是中国的首位皇帝，自称"始皇帝"。

尔代夫群岛，再从马尔代夫群岛来到锡兰岛。不幸的是，他到锡兰岛后不久就遭到了抢劫，所有的东西都被强盗抢走了，甚至连旅行日记也没能幸免。

　　其后，白图泰又按计划游历了孟加拉。随后他经印度半岛来到中国，当时的中国是"一个物产丰富的国家，世界上没有别的国家能够在这点上与之抗衡"。

　　白图泰到达中国后，对中国的一种风俗感到很奇怪。每当有外国人来到中国，中国人就在暗地里为其画像，然后将画像分发至全国，一旦外国人有犯法的行为，政府就会毫不费力地将其捉住。白图泰对在中国的旅行生活很满意，

◇马尔代夫岛屿

从空中俯瞰马尔代夫的一组环状珊瑚岛。马尔代夫群岛位于印度洋北部，由26组自然环礁和1 192个珊瑚岛组成，其中约200个岛屿有人居住。

因为这次旅行既安全又愉快。白图泰说：

"用9个月的时间你们就可以游历整个中国，在旅行的时候无论你们身上带了什么贵重的东西都不用担心。中国政府在每一个休息地都设有驿馆，每个驿馆专门派有带着步兵和骑兵的驿丞。每天日落以后驿丞就带领兵士到驿馆处巡视一周，并将当晚在该处歇息的旅客的姓名记录下来，在旅客名单上盖一个印后再离去。第二天早晨驿丞回到旅馆，对居住的旅客进行一一点名后让他们一个一个地出去。同时他会派遣一个人护送这些旅客平安到达第二个驿站，届时那里的驿丞会写一张证明旅客们都平安到达的证明书。"

白图泰从中国返回印度时，所乘的船被风吹到了一片陌生的海域里，水手们也不知道自己到底在哪里。一行人被无法预料的事件惊呆了。白图泰讲的故事很有趣，它能说明在当时航海家驱使水手们远渡重洋是很难的事。

"一天早晨，我们看见离船大约20英里的地方有一座大山，海风把我们的船吹向那座大山。当时我和水手们都觉得很奇怪，因为那里距离陆地很远，据我们观察，海中的那个位置不应该有山。如果海风直接把我们吹到山那边，我们的性命肯定是保不住了。我们能做的只是诚心地祈祷，船中的商人还发了许多誓愿。随后，风真的小了一点，直到日出后我们才发现那座高山是在天上，山与海之间还有亮光。我不觉惊异起来。当时一些水手被吓得半死并相互告别，其实，我们看见的山并不是真的山，而是一只罗克鸟。如果这只鸟看见我们，我们谁都活不了。现在我们离它只有10英里的距离了，幸而一阵好风把我们吹到了其他地方，以至于连那只巨鸟的形状都看不清了。"

后来，白图泰经由水、陆来到大马士革。他在那里得知父亲早在15年前就去世了。白图泰离家25年后才回到故乡，即摩洛哥的菲兹城。回到故乡后他决定再不出门了，就在美丽的故乡度过晚年。在回乡以前，他还在西班牙与马里等地游历了4年。

出于白图泰的请求，德里苏丹国的国王吩咐秘书官将白图泰在旅行中的见闻慎重地记载下来。1355年12月13日，这项工作终于结束了。秘书官在书的末尾写下了这样几句话：

"我现在已经把伊本·白图泰的笔记整理完毕。任何人都不能否认白图泰是当今唯一的探险家；如果有人称他是信仰伊斯兰教的人中唯一的探险家，也绝对是名副其实的。"

直到19世纪初，欧洲的研究学者才将白图泰的故事翻译过来。一些阿拉伯的地理学家早就开始利用他的故事并对其加以不同程度的渲染了。

◎**章首语**

在哥伦布时代以前，莱夫就到过格陵兰和美洲大陆。他的航海经历在英雄故事《萨迦》中有详细的记载。

第七章
欧洲北方民族与美洲

首先抵达美洲大陆的欧洲人是欧洲北方的斯堪的纳维亚人。早在870年，他们的祖先就在冰岛居住。其后的100年间他们在格陵兰岛西海岸建立了一个殖民地。他们中间最初的航海家就是被人们称为"幸运儿莱夫"的莱夫·埃里克松和托尔芬·卡尔塞夫尼。他们都具有超强的想象力和过人的胆量。

莱夫最初和父亲埃里克在格陵兰岛的布拉特列德居住。1000年，他从此地出发开始了第一次航行。此次航行同行的有25人。不久他们就发现一片不毛之地，以为它是纽芬兰。其后，他的父亲又游历了新斯科舍，拉丁语意为新苏格兰。他们又到了美洲大陆的查尔斯河流域附近，即现在的美国马萨诸塞州。关于此次航海的情况在英雄故事《萨迦》中有详细的记载。

"他们到岸后就抛下锚，把船停好后一起上岸。这是一块有树林的平原，他们所到之处都是白沙，地面几乎与海面持平。随后他们回到船上，离开美洲大陆一直向前方行驶，他们在海上航行两天后才看到陆地。随后他们一直朝着陆地方向航行，最后到达一座海岛，岛位于大陆的北方。他们在岛上游历了一番。岛上天气很好，草上还有未干的露水，他们无意间把露水放到嘴里尝了尝，发现那是世界上最甘甜的露水。游完小岛他们就上船继续航行，来到一个海峡并决定在那里过冬。于是他们开始着手修筑一栋房屋。

他们发现此处的河流、湖泊里有很多很大的鲨鱼，他们此前从未见过如

此大的鲨鱼。那里气候温和，终年不结霜，草木几乎从不凋零，不用为牲畜准备冬天的干草。日夜的长短几乎相等，比格陵兰和冰岛要均匀得多。"

莱夫把同行者分为两部分：一部分守护家园，一部分外出开垦土地。他嘱咐这些人不要走太远，以免夜间回不了家，大家更不要彼此分开。

一天晚上，垦地的人少了一个。莱夫就带领12个随从四处寻找，最终找到了迷路的同伴。那人告诉众人一个惊人

◇格陵兰岛

格陵兰岛位于北美洲东北方、北冰洋和大西洋之间，是世界上最大的岛屿，面积2 166 313.54平方千米。其最宽处约1 290千米，海岸线全长3.5万千米，为丹麦属地。全岛内陆部分终年冰冻，沿海地区夏季气温可达0℃以上，属于典型的寒带气候。

的消息："我已经找到葡萄树了。"经过众人的盘问，他才告诉大家："我之所以能找到葡萄树，是因为我生长在葡萄之乡。"

自从发现了葡萄树，莱夫一直很高兴，因为他原本就打算在回国时带回大批价值高昂的货物，葡萄树完全是意外收获。第二天他就对同伴们说："我们现在可以这样分工：每天派一部分人去摘葡萄，一部分人去砍伐葡萄藤，另外一部分人去砍伐树木。等这些事都做完以后，我们就将这些东西运回家。"

第二年春天，他们累积了足够多的货物后，就起身回家了。由于那里出产葡萄，莱夫就将其取名为文兰。他们出发以后顺风而行，不久就到达格陵兰岛。

◇**原始部落男孩**

一般认为，原住民是指在外来民族到来之前一直在同一地区繁衍生息的人，由于外来者的入侵及文化的同化而陷入不利的境地，比如美洲的印第安人、大洋洲的毛利人和靠近北极圈的因纽特人等。许多原住民的生活极为贫困，饱受歧视。

　　莱夫的兄弟索瓦德听说有这样一个物产丰富的地方，就向哥哥借船到盛产葡萄的文兰去，并且立志在那里做一番更大的开垦事业。他到达文兰后在莱夫曾经住过的茅屋里过冬，以鲨鱼为食。到了春天，他和同伴们就开始工作了。那年他们获知许多关于文兰的知识。他们在那里度过第二个冬季，做进一步的开垦。有一天，他们发现不远处突然多出了3个沙丘，走过去一看才知是3艘树皮小艇，每艘小艇下还有3个人。这9个人一见有人来了就赶紧逃跑。最终只有一个人逃脱了，其余的8个人都被索瓦德等人杀害了。

　　经过一次战斗，索瓦德等人都很疲倦。第二天早晨当他们醒来时发现来了无数小艇，便立即逃回船上做好迎敌的准备。最终，他们打败了那些原住民。除了索瓦德以外，其他人都平安无恙，索瓦德却伤重去世了，临终时他说："死在这个地方真是一件令人满意的事。"

　　第二年，索瓦德的同伴将满载葡萄和树木的船只驶回格陵兰岛。

　　索瓦德去世后不久，托尔芬就打算外出游历。他出发时带了60个男人和5个女人，还有很多牲口。他决定在文兰设立一个殖民地。到了文兰，他把牲口放到草地去吃草，这时，许多原住民从林中跑了出来。他们听见草地上水牛的叫声，吓得丢弃了货物，逃回树林。这些货物中有许多灰裘、黑貂以及其他各种生皮。当托尔芬和同伴回到格陵兰岛的时候，他们把从原住民那里获得的物品和葡萄都运了回来。

　　这几次航海的故事是由布莱梅的亚当讲述的。亚当在1047年和1073年间曾游历过丹麦。那时人们还时常提及有关文兰的奇闻。几百年后，《红发埃里克传奇》一书记载了莱夫与托尔芬的冒险故事。关于此事的记载，这本书要比其他书籍详细得多。

　　在美洲，欧洲的北方民族并没有建立永久的殖民地。在罗德岛纽波特有一座样式奇特的圆塔。有人相信北方民族曾经在那里停留过一段时间，但是人们除了对这个圆塔的建造者做一番主观臆测外，没有其他可以考究的地方。当朗费罗听说纽波特发现了身穿甲胄的枯骨后，就做了一首诗《盔甲骨架》，全文如下：

　　　　我是一个老海盗！
　　　　我的事迹虽然很多，

但诗歌中从未描述过，
传奇也未提到过。
为给我的爱人做卧室，
我筑成这座高塔。
自始至终，
它都向海中望着。

第八章
马可·波罗与亚洲奇迹

马可·波罗从 5 岁起就住在意大利的威尼斯。1269年，他的父亲尼科罗和叔父马费奥从东方游历回来后讲了很多奇怪的故事。15岁的马可·波罗有 9 年没见过父亲和叔父了。他们讲了在契丹的见闻以及契丹王忽必烈宫中的生活。

◇**威尼斯**

威尼斯是意大利东北部著名的城市，也是威尼托地区的首府，世界上最浪漫的城市之一，拥有亚得里亚海的女王、桥之城、光之城等美称。13世纪至17世纪末，威尼斯是一个非常重要的商业艺术重镇。威尼斯市区包括118个岛屿和一个邻近的半岛，是著名的水城，其建筑、绘画、雕塑、歌剧等在世界有着极其重要的地位和影响。

"契丹"是当时欧洲人对中国北方的称呼。他们在与忽必烈分别的时候曾被允许到契丹来传布威尼斯的宗教和艺术。于是，他们计划从威尼斯派遣100个传教士前往契丹。

马可·波罗很愿意加入这次游历，当两年后这些游历家启程时，他的内心十分欢喜，因为他也在其中。在这次游历中，那100个传教士并没有全部同去，其中有两个因为没有胆量，出门没几天就回来了。这两人都是教皇派遣的。

马可·波罗和父亲及叔父历经3年多的长途跋涉才到达忽必烈的驻跸处。沿途他们游历了巴格达，然后从巴格达出发，走了很长时间的山路才来到喀什，最后经由戈壁沙漠来到西夏故地。他们到达契丹时，忽必烈正在位于北京以北的行宫里。忽必烈对马可·波罗的到来表示热烈欢迎。当时的马可·波罗是个只有21岁的英俊少年。

马可·波罗在忽必烈的行宫住了两年，他学会了朝中各色人员所用的语言，与忽必烈结下了很深的友谊。于是，忽必烈就派他游历全国。他在旅行时对所见所闻及各地详情做了详细的笔记，因为忽必烈很想知道这些。他回宫后将遇见的事情以及各地人民的生活情况全都告诉了忽必烈，忽必烈十分开心。

马可·波罗曾经受过忽必烈的多次差遣，这次仅是其中之一。忽必烈对他的评价很高，他说："如果马可·波罗能够长生，他一定能成为最有价值和最有能力的人。"忽必烈不愿意让马克·波罗回威尼斯，想将他和父亲、叔叔永远留在宫中。但是不久他们就找到了回家的理由。1292年，波斯的王子派代表到契丹来为波斯王寻找王后。代表打算回大不里士时，要求马可·波罗等人同他们一起经海道回去，并帮他们驾驶海船。忽必烈答应了代表的请求，他们一行人从福建沿海的一个口岸出发了。在这次航行途中，他们遭遇了海难，除了马可·波罗和那位新娘外，包括波斯代表在内的其他人全都丧命了。

直到1295年，马可·波罗和那位新娘才回到威尼斯。马可·波罗离乡足有25年之久，当他回到家乡时发现很多亲戚都去世了，在世的亲戚都已经不认得他了，也不让他进入宫廷。马可·波罗想出一个办法，让亲戚们回忆起自己。马可·波罗请亲戚和家乡人参加宴会，从契丹回来的人都是主宾。他们身着朱红色缎子的外衣出现在客人面前，随后把外衣脱下交给从人，故意露出里面的花缎衣。宴会结束后，他们脱去花缎衣并交给从人。当他们露出最里面穿的红色绒织衣时，客人们都极为惊异。接着，他们的做法让宾客更为惊讶。他们把旅行时所穿的贴身衣服故意露出来让宾客看见。马可·波罗将其中的一件贴身衣服解开，露出许许多多的宝石，其中有些是马可·波罗家的传家宝。家乡的人再也不需要别的证据了，从契丹回来的人都被迎回了家。

3 年后，马可·波罗带领战船和威尼斯的敌城热那亚作战，不幸被敌军俘虏，此次战争就是库尔佐拉之役。马可·波罗在热那亚的牢狱中认识了比萨的鲁斯蒂恰诺。他每天都将自己的东方生活讲给鲁斯蒂恰诺听，以消磨光阴。鲁斯蒂恰诺将这些故事记载下来，这才有了我们现在知道的关于马可·波罗的故事。

马可·波罗在世时，契丹的奇异之事就已经传到欧洲。这些故事是如此奇异，以至于很多人开玩笑说，作者名叫百万君，这也许是因为他在故事中喜用"百万"及其他夸张的词句的缘故。也有人说作者是因为拥有巨额的财产而得名。

当时有一种传说，说在马可·波罗即将去世时有人要求他声明那些奇异故事都是编造的。有人坚定地认为他并没有到过中国。马可·波罗的游记里虽然有很多不确实的地方，但是其中大部分内容都被后来的探险家证实了。

马可·波罗的书出版很长时间以后，研究地图的人才从中获益。长期以来，地图研究者似乎不想根据游历家的发现去更改地图，只想保留地图本来的样子。

1375年出版的卡特兰地图是第一幅根据马可·波罗的故事绘成的地图。该地图的绘制者显然曾经研究过马可·波罗的书，因为地图上亚洲许多地点的位置与马可·波罗书中所述相同。后来陆续出版的地图都是依照卡特兰绘制的地图绘制的，不过仍有很多地方无法弄清。关于这一点，我们有一个最有力的证据：在1508年出版的地图中，绘制者勒伊斯说哥伦布西行时到过马可·波罗东行时发现的地方。1533年，关于各个国家是如何被发现的问题，一个地理学家说："这些国家都是威尼斯人马可·波罗及其同伴发现的，近来热那亚人哥伦布与亚美利哥·维斯普奇航行于威斯特洋的时候，又将这些国家的海岸一一开垦。"他称佛罗里达、契丹和墨西哥是亚洲的各部分。

马可·波罗的写作方式，从下述这段话中可见一斑，这段内容是从书中关于西藏的章节中摘选出来的："在这个区域，你们可以看见很多芦苇，芦苇的

◇爪哇岛上的塞武寺

　　塞武寺建于8世纪，是大乘佛教寺庙，位于中爪哇，属印度尼西亚。印度尼西亚位于印度洋和太平洋之间，是一个由18 108个岛屿组成的"万岛之国"，爪哇岛是这万岛之中的第四大岛。爪哇岛上河流纵横，风光旖旎，有100多座火山。古都日惹是中爪哇的中心城市，世界闻名的婆罗浮屠古迹就位于日惹城北部。

圆周有45英尺长。那里的商人与游历家到了夜晚常常把芦苇点燃取乐。野外的恶兽听见芦苇燃烧时发出的火声，就极为惊骇，赶快逃远。无论什么东西也不能把它们引诱到火边。"

　　书中有一章叫"爪哇大岛"，读读章首那段，你就可了解他描写一个国家的方法："一些有经验的航海家、熟悉该地情况的人，都说爪哇是世界上第一大岛。这座岛屿周长3 000英里。全岛由一个岛王统治且不受制于任何国家，岛上居民崇拜偶像。岛上资源丰富，出产黑椒、豆蔻、松香、丁香及其他各种香料。"

　　亨利·玉尔爵士是对马可·波罗最有研究的人，在提到马可·波罗著作的价值时，他说："马可·波罗是第一个经陆路游历亚洲的人，他对所经过的一切国家都做了说明。他是第一个发现中国地大物博的欧洲人，是第一个将中国的邻国告诉世界的人，也是第一个提及印度半岛、苏门达腊、锡兰岛、爪哇、阿比西尼亚、马达加斯加、西伯利亚与北冰洋的人。"

最重要的是，马可·波罗写的书给托斯卡内利以很多启示，而托斯卡内利又促使哥伦布发现了新大陆。因此，马可·波罗间接影响了新大陆的发现。

第九章
航海家帕特里克·亨利

维休的公爵帕特里克·亨利生于1394年，是葡萄牙国王若昂大帝的第三个儿子。在孩童时期，他就听说有人航海到英国和欧洲的北海岸，于是对指南针与航海图产生了兴趣。早在他之前的数百年前，就有人在地中海沿岸用过指南针，同一时期一些胆大的水手使用过航海图。亨利听哥哥佩德罗讲过一些故事，佩德罗当时已获得"游历家"的称号，因为他曾到过西欧所有国家。帕特里克·亨利还研究过他哥哥带到里斯本的一些简单的地图以及关于旅行的书籍。他21岁时就当上了军队的领袖，攻克了非洲海岸与直布罗陀海峡相近的一个摩尔人的据点——休达城。

帕特里克·亨利本来可以在政界大展拳脚，但他为给葡萄牙争得利益，努力地开拓着未知世界。

当时在欧洲与印度间的贸易活动完全以牲畜为运输工具，风险很大。虽然帕特里克·亨利知道到达非洲南部已经是创举了，但他还是想经由海道经非洲南部去往印度。他不但相信海道比陆路要便利和安全，而且深信走这条海道可以将采自印度的贵重货物运到里斯本和波尔图等地，这样他就不用经过地中海沿岸的各座城市了。

不久他就迁往海边的新住所，在那里他可以望见被他派遣出海的小船。当这些小船与海浪搏斗时，他在研究关于地图与旅行的新计划。在他的官邸，很

多航海归来的水手将外面的新奇生活告诉他，人们也在那里欢送那些赴海外探险的人。他的官邸成了研究地理的中心，据说他还建了一所专门培养船主的学校。

帕特里克·亨利此生的愿望之一就是航行过非洲的西端，因为他要到几内亚沿岸去寻找黄金、象牙和奴隶。最先出去的两名探险家经受住了风浪的考验，竟在无意中发现了圣港岛。圣港岛是马德拉群岛中的一个岛，此地一经发现，立刻成了葡萄牙的殖民地。从前热那亚的航海家或许早就到过这里，但是从来没有人提起过，人们早就将其遗忘了，后来，整个马德拉群岛都成了葡萄牙的殖民地，现在还隶属于葡萄牙。

葡萄牙人经过多年的尝试，想要航行过非洲西岸的博哈多尔角，但始终没能成功，不过他们发现了亚速尔群岛。帕特里克·亨利并未灰心，他对船主们说："如果我们不再做别的事，你们就航行过这个海角吧！"虽然每次出发都是由帕特里克·亨利个人提供费用，然而还是有人埋怨他浪费金钱。一些胆小的水手不敢在"黑暗之海"航行，也不敢远渡重洋去博哈多尔角附近的沙洲。博哈多尔角是否是人类地理知识的终点？是否像有些人所说的那样，凡是经过博哈多尔角的人一定会变成尼格罗人？在这块禁地中是否有海中怪兽、顽石与毒蛇？太阳是否会将流动的火焰喷射到海水里？那里的海水是否常年处于沸腾状态？水手们会不会被活活地烫死？

终于，有一个船主决定去探险了，显然他是不相信谣言的。他乘着小艇，经过博哈多尔角，发现在那里同样容易行船，和葡萄牙附近的水域一样。接到他的报告后，葡萄牙人的胆子大了起来，不少船主迫不及待地驶向非洲海岸。

1435年，一名船主乘着一只摇橹战船来到离博哈多尔角400英里的地方，遇到了他们想象中的尼罗河西部的黑人。这个船主称它为里奥德奥罗，意思是金河，直到后来人们才知它只是一个出海口。

他们想要将那里的几个原住民运回葡萄牙做奴隶，便上了岸。但他们的企图还是失败了。不过这次上岸是非洲殖民历史上一个很重要的事件——自迦太基时代，这是欧洲人首次在非洲进行殖民。

1442年，有一个船主从几内亚带回几个原住民和一点儿金沙。消息传出后，立刻就有很多人想要到非洲去从事类似的贸易。帕特里克·亨利的非洲

◇奴隶贸易

奴隶，通常指失去人身自由，被他人任意驱使的人。奴隶在成为劳动工具的同时也被当成一种有价值的货物进行交易。奴隶可以通过逃亡、赎身、立功等行为重新成为自由人。欧洲新兴的资产者为了从海外获取更多财富，除加紧洗劫、掠夺外，又着手经营殖民地。非洲黑人成了新的劳动力来源。使用奴隶要比使用白人契约工便宜得多且便于管理，使得奴隶贸易成为一桩赚钱的买卖。

◇好望角

好望角，意为"美好希望的海角"，是非洲西南端非常著名的岬角，位于南非共和国开普敦市以南52千米处。因为多有暴风雨且海浪汹涌，故最初其被称为"风暴角"。好望角是西方探险家去往富庶东方的必经之地，故改称好望角，苏伊士运河通航前来往于亚欧之间的船舶都要经过好望角。独特的地理条件使好望角成为世界上最危险的航海地段之一。

探险事业因有巴托罗缪·迪亚士的航行而获得人民的赞助，迪亚士曾经航海到佛德角，他是葡萄牙著名航海家族迪亚士家族中的家长。原住民看见迪亚士的小艇时感到十分惊异，他们从未见过也从未听过有小艇这种东西。有人说它是一种鱼，有人说它是一种幻景，还有人以为是海面飞行的鸟。其后葡萄牙人还做过多次航行，他们最初在非洲沿岸开垦，后来逐渐延伸到非洲南部内陆。葡萄牙人经过很长时间的经营才获得这些领土。殖民者侵占原住民的土地，遭到了大规模的反抗。葡萄牙政府派了一艘大兵舰到非洲，以惩罚一切反抗帕特里克·亨利的人。但是此次出兵并不顺利，他们无功而返。

帕特里克·亨利生命的最后几年将心血全都用在了政治上。虽然他对航海的兴趣还没完全消减，但此后再也没有进行过重要的航海活动。他的成就并不在于为葡萄牙获得了殖民地，而在于激发了他人的冒险精神：哥伦布发现了美洲大陆，迪亚士第一个航行到好望角，达·伽马经由水路来到印度，麦哲伦环球旅行，这些都发轫于帕特里克·亨利的航海活动。

第二编
从哥伦布到库克

Real Stories of the Geography

◎**章首语**

　　哥伦布的航海旅行是世界史上最重要的事件，他给同行者的答复只是"前进"二字。这种勇敢的"前进"一直到哥伦布获得相应的回报才停止。

第一章
从哥伦布到库克

哥伦布在斗室徘徊着，

织工的儿子站在父亲的织机旁，

当织机上的纱绳在奇异模型上结着的时候，

新大陆的海岸仿佛在其上出现。

直到他对生活感到不满的时候，

他梦见了自己的使命，他必须前去！

街上的人们在讥笑他们遇见的这个失意青年。

黑色的皇后含着微笑，

听他要讲述的故事；

博学的人在街市上讥笑，

愚人自取灭亡。

但是他们绝不能阻碍他的热忱：

他已经看见了明星，绝不留停！

冰冷的海风吹着他热烈的船头，

天际隐在汪洋大海的西方。

水手们都愁眉苦脸地抱怨，

诅咒那迷人的幻想。

海风吹着死亡的号角。

哥伦布不停地前进。

他的心中只有一个要求，

祈祷上帝，这种要求终能满足！

·················

光明的星辰已成黑暗，

祈祷的结果只有暴风，

为他梦中的大陆！

他质典了灵魂，

他终于取得了成功！

——南锡·伯德特纳

　　1460年，哥伦布第一次在海上航行，当时他年仅14岁。几年后，他到达里斯本去帮助哥哥巴托罗缪绘制地图，之后继续他的水手生涯。他坚信地球是圆的，一心想经由西方航行到印度去。他的信仰因受到托斯卡内利的鼓励而越发坚定。托斯卡内利是佛罗伦萨有名的天文学家和航海图绘制者。1474年，哥伦布给托斯卡内利写了一封信，将航海去印度的想法告诉了他，托斯卡内利在回信里说："我知道您有一个伟大的志向，想找一条通向出产香料之地的路。在这封回信中我给你写了一份介绍书，把你介绍给我的朋友——最和蔼的葡萄牙国王，同时送你一张航海图，这张航海图和我送给葡萄牙国王的一模一样。"

◇ 巴塞罗斯公鸡

　　葡萄牙，全称葡萄牙共和国，位于欧洲西南部，首都里斯本。该国境内的罗卡角是欧洲大陆的最西端。葡萄牙在大航海时代是重要的海上强国。在现存的欧洲国家当中，葡萄牙是殖民历史最悠久的国家，殖民活动近600年。葡萄牙人酷爱公鸡，把公鸡视为吉祥物。公鸡在葡萄牙人眼里是公正的化身。图为巴塞罗斯公鸡。

　　托斯卡内利在给哥伦布的信中提及了通往香料出产地的水路，这条路比从几内亚去要近一些；又说附赠的航海图是他本人绘制的，地图中将葡萄牙的海岸和附近的岛屿标得一清二楚，必须从此地向西航行才行。托斯卡内利说："我说香料出产地不在东方而在西方，请你不必惊讶，因为从西方一直往前走的人总能在地球的另一面找到这个地方。但是如果人们从陆路出发，只会在东方找到同样的地方。"根据托斯卡内利绘制的航海图，里斯本与"行在"间的距离有6 500英里，所谓的"行在"就是中国的杭州。

　　哥伦布是一个贫家子弟，没有足够的能力支付航海的费用。他曾经求助于葡萄牙、英国、法兰西国王以及西班牙国王和王后，希望能得到他们的帮助，可是每次都以失败告终。7年后他的行动才感动了西班牙国王，西班牙国王相信他的梦想可以实现。西班牙王室一直赞助哥伦布，供给他船只、水手以及金

　　◇**西班牙古堡垒**
　　西班牙位于欧洲西南部，是一多山国家，总面积505 925平方千米，海岸线长约7 800千米。西班牙自史前时代就一直受到外来影响，中世纪时多国并立，直到15世纪才建立起单一国家。近代西班牙是一个重要的文化发源地，在15世纪中期至16世纪末期成为影响全球的日不落帝国。

钱等，使他得偿所愿。西班牙王后甚至变卖了自己的珠宝来购办船上所需的各种设备。但是当哥伦布说他要在其发现之地担任国王的代表的时候，国王和王后就不赞同了。于是哥伦布离开西班牙王宫，打算前往法兰西。哥伦布离开后不久，就被国王派的人追了回来，告诉他国王已经同意他提出的条件——西班牙不愿意其他国家享受哥伦布航海的收获。哥伦布与西班牙政府在1490年 4 月17日签订了一份合同。

哥伦布有了 3 艘小航船。他的司令船名为圣玛丽亚，这是 3 艘船中最大的一艘，但也只有100吨重、63英尺长。这艘船上有一个甲板。其余两艘的情况为：一艘重50吨，取名为平塔；另一艘重40吨，取名为尼拉。1492年 8 月 3 日，他们起程了。出发时船上共有88人。

哥伦布旅行唯一的航海指南就是托斯卡内利的书信和航海图，据托斯卡内利说，此次旅行不仅可行，还是"一件荣耀的事，一定可以产生极大的利润"。

哥伦布航海时的航海日记现已遗失，不过拉斯·卡萨斯为哥伦布写作的时候，日记还在。拉斯·卡萨斯从哥伦布的日记中引用了很多内容，并对整个航行路线做了一个全方位的描写，其他作家在写作时也引用了这些材料。因此，哥伦布这位伟大探险家的冒险故事才得以流传至今，就好像哥伦布坐在我们面前亲自讲述一样。

在哥伦布的航海日记中，一开始就说明此行的目的是绘制一张新式航海图，"将洋中的水陆各地标注在正确的位置上"。最重要的是，"我一定可以成就许多事业，因为我废寝忘食，专心从事航海事业，做我要做的、能做的事。"

他们出发 3 天后，平塔号的船舵忽然漏水了。众人都怀疑是船上的人故意把它弄坏的，因为有人胆小，不愿到无人知晓的海域航行。

船舵修好后不久又坏了，船再也不能前进了，哥伦布不得不暂时把船泊在加那利群岛。平塔号最终还是修好了。他们因此事耽搁了 4 个星期才重新起程。

哥伦布自起程后就没让从人知道每天所走的确切路程——假如此次航行耗时很长，从人只有在不知道路程远近的情况下才不至于恐慌。他在途中用了两种计时表，只把经过造假的较短的计时结果告知大家。如果水手们知道旅行的真实时间，他们早就进行激烈的反抗了。

　　水手们的精神全靠做记号支撑下来。1492年9月22日，哥伦布收到一个很好的信号——他们的船遇到了逆风。哥伦布记载道："我正需要逆风。水手们看见今天的风是吹向西班牙的，都感到很惊奇，因为在这片海域从来没有出现过这种风向。"第二天，水手们就有了怨言，哥伦布又在他的日记中写道："这种大浪正是我所需要的，它从未发生过，仅仅在犹太人对摩西产生怨言，摩西将他们救出埃及时发生过一次。"

　　勇敢的哥伦布每天都在日记中写"今天我们前进"这句话，如今这句话已经成了名言。杰昆·米勒深受哥伦布的勇敢精神感动，特意作了一首诗赞美他。

　　　　他在亚速尔群岛前，
　　　　赫立邱门的后面，
　　　　前面没有海岸的影子，
　　　　只有无边无际的大海。
　　　　伙伴说：我们必须祈祷，
　　　　看啊，群星都藏起来了，
　　　　勇敢的上将，你说我应当说什么？
　　　　说什么？
　　　　只有前进！前进！前进！
　　　　…………

　　　　我的从人渐渐要背叛我；
　　　　面色苍白，身体衰颓。
　　　　健强的伙伴念着家乡；
　　　　海中的咸浪打着他棕色的面庞。
　　　　勇敢的上将，你说，我应当说什么，
　　　　如果天明还是这样的大海汪洋？
　　　　天明你说，
　　　　前进！前进！前进！前进！
　　　　…………

他们乘风而航，

最后面色灰白的伙伴说：

现在上帝也不知道

我们为什么应该死亡。

海风都忘却了方向，

因为上帝离开了可怕的海洋。

勇敢的上将，你现在说——

前进！前进！前进！

…………

他们继续航行。伙伴说：

这疯癫的海洋，今晚露出它的巨牙，

嘬着他的嘴唇，在那里等待！

张开巨牙就要吞噬！

勇敢的上将，请你说一句好话：

不幸失望了，我们应当怎样？

他说：

前进！前进！前进！前进！

脸色灰白、困倦的上将在甲板上等待，

通过黑暗细看

黑暗中来了一线曙光——

光亮！光亮！光亮！光亮！

它变成旗帜在飘扬。

它变成了时空的光亮。

他获得一个世界。

他给予它最伟大的训示：前进，前进！

1492年9月25日，平塔号上的司令官说他第一个看到了陆地，请求哥伦布给予奖赏。船上的人一度相信他的话，但是到了晚上人们才知道并没有陆地。

1492年10月10日，同行的人都在抱怨哥伦布，因为航行的路程太远了。那时他们已经走了3 300英里了，可是哥伦布让他们以为只走了2 700英里。

◇洋蒲桃

洋蒲桃（又名"莲雾"）原产于印度和马来西亚，在印度、东南亚国家及中国广东都有种植。

假如他们知道实际路程，怨言必定更厉害。哥伦布对他们说，无论有多少怨言，自己一定要找到东印度群岛，否则决不回家。

第二天，船上的人皆大欢喜，他们看到海面上浮现许多菜蔬一类的东西，断定离陆地不远了。于是水手们仔细观察，直到半夜以后才发现在6英里外果真有陆地。

1492年10月12日，星期五，哥伦布一行人在一座岛屿处上了岸，这座岛屿大概就是华特林岛。许多原住民都跑来看他们。在这些人的眼里，白种人就好像是"从天上下来的人一样"。哥伦布在他的日记里写下了如下这段话：

"我们和这些原住民可以产生伟大的友谊，因为我知道他们这种民族可以用爱来感化，不必用武力就能让他们信仰我们的宗教。我给他们几顶红帽子，又把玻璃珠挂在他们的脖子上，再给他们几件小物件，他们就极为欢喜，把我们当成很好的朋友。他们的表现就连我自己都感到莫名其妙。随后，他们跑到船边，给我们带来许多鹦鹉、棉线、标枪和其他礼物。我们用玻璃珠、小铃等物件与其交换。他们很欢喜地接受了这些东西，并把鹦鹉等礼物送给我们。"

哥伦布一行人在海岛上走了很多天，1492年10月21日来到鸟岩。他听说附近有一座大岛屿，就坚信这座大岛屿一定是西番哥，即他所要寻找的东印度群岛中的一座岛屿。哥伦布在日记中写道：他们称它为古巴，还说那里有许多船只与精明的水手。除了古巴，还有一座岛名叫博西奥。他们说这也是一座大岛……我还是决定要到大陆上去找"行在"，即中国的杭州。

　　哥伦布在这些岛屿间航行了 2 个月。他在古巴海岸做了大量的开垦工作。有很多次他都相信已经来到大陆了。

　　圣诞前夜，哥伦布正在睡觉，圣玛丽亚号的船主违背哥伦布的命令，将船舵交到一个小孩手里，随后自己就睡了。半夜时海面虽然风平浪静，圣玛丽亚号却搁浅在沙滩上。船夫们虽然尽了全力却始终没有脱险。这里与伊斯帕尼奥拉岛（海地岛）很近。幸亏岛王派来一艘树皮小艇，帮助水手们把货物运离危险地带。于是他们就在一个乡村将货物收存起来。

　　哥伦布对岛王的援助深表谢意。他在日记中写道："他们是一个很可爱的民族，岛王和他的人民万众同心，他们不贪心，无论做什么事都很得体……对待邻居就像对待自己一样。他们的语言是世界上最美丽、最和蔼的语言，他们每次说话时都面带微笑。"

　　哥伦布一行人在伊斯帕尼奥拉岛上修筑了一座堡垒，留下44人在那里继续开垦，并选了一块地用来建筑城池。

　　1493年1月初，哥伦布带着从人乘平塔号和尼拉号驶回西班牙。这次航行耗时很久，途中遭遇过数次危险。1493年 2 月14日晚，船上的人都以为没有生还希望了。哥伦布和从人们发誓说："只要我们能够保全性命，就一定会到圣殿去旅行、朝拜。"哥伦布又随手拿了一张皮纸，把此次航海的经过全部写在上面，并请求拾到这张皮纸的人把它呈给西班牙的国王和王后。他把皮纸用蜡布包起来，放进一个木桶里，然后将木桶抛到海里，这个木桶始终没有被人拾到。

　　哥伦布在途中历经无数险阻，终于在1493年 3 月15日平安到达前一年出发的口岸。西班牙国王和王后把他召到宫中，让他把航海经过及有关印度群岛的事情告诉他们。当时连哥伦布自己都不知道他已经发现了一个新的世界。

第二章
亚美利哥·维斯普奇与美洲的定名

亚美利哥·维斯普奇的父亲是意大利佛罗伦萨城里的一名书吏,他从事商业缘于父亲的意愿。但是他总觉得地理比商业要有趣些。后来他进了美第奇家族商业机构,但他还是觉得研究地图和航海图比计算百分率要有趣得多。

亚美利哥·维斯普奇读了马可·波罗的亚洲游记后增强了对地理的兴趣。因为嗜爱航海图,他竟花费500多元钱买了一张,同时结识了佛罗伦萨城的居民托斯卡内利。托斯卡内利的航海图是哥伦布第一次航海时的唯一参考。亚美利哥·维斯普奇研究了这张航海图后,很想旅行到地球的尽头。但是不久他就得到消息说哥哥的财产被强盗抢劫一空,于是他立刻放下地图,去尽力挣钱,以维持家中的生活。

不久,美第奇请他到西班牙去当代理人。哥伦布第一次航海的12年前,亚美利哥·维斯普奇就到伊比利亚半岛去了,他的精神一直激励着哥伦布。这时,哥伦布正在请求西班牙国王和王后资助他去探险。当哥伦布出发时,亚美利哥·维斯普奇也很想一同前往。

其后,政府与美第奇家族签订了一份为哥伦布修建航船的合同,为第二次航海做准备。按常理推断,哥伦布和美第奇必定时常在一起讨论这些航船。他们是否讨论过哥伦布第一次航行的成绩、未来的计划以及亚美利哥·维斯普奇

航游西方的愿望？这一切都不得而知。

亚美利哥·维斯普奇要克服很多困难才有希望到西方去探险。西班牙政府已经把"新大陆"的商业特权交给了哥伦布，此外再没有商务上的航行机会了。但是到了1495年，西班牙政府将这一特权从哥伦布手中收回，于是立刻就有许多人跃跃欲试。1497年5月10日，亚美利哥·维斯普奇带着4艘小船出发了。他们在加那利群岛上过一次岸，随后就向南美洲海岸驶去。亚美利哥·维斯普奇曾经给朋友写过一封信，信中说到了航海的故事。据这封信的内容，亚美利哥·维斯普奇于1497年6月16日在南美洲上岸，也就是约翰·卡伯特登陆北美洲大陆的前8天——随后来到今天的加拿大不列

◇**意大利的夏天**

意大利全称为意大利共和国，主要由南欧的亚平宁半岛及位于地中海中的岛屿西西里岛与萨丁岛组成，面积为301 333平方千米。亚平宁半岛上还有两个微型国家——圣马力诺与梵蒂冈。意大利是欧洲民族及文化的摇篮，曾孕育出古罗马文明和伊特鲁里亚文明，13世纪末的意大利更是成为欧洲文艺复兴的发源地。

◇**熔岩流入太平洋**
　　图为夏威夷大岛的熔岩在日出时流入太平洋。太平洋是地球第一大洋，覆盖地球约46%的水面面积以及约32.5%的总面积。

颠哥伦比亚。

　　我们从1499年5月16日出发的探险队处得到的消息要丰富些。这次亚美利哥·维斯普奇和阿隆索·德·奥杰达同行。奥杰达是哥伦布两次探险的同行者。在这次航海中，胡安·德·拉·科萨充当3艘航船的向导。这3艘船都是西班牙国王提供的。亚美利哥·维斯普奇在船上的职位是助理舵工。

　　他们此次航行再次经过加那利群岛，并且只用了44天的时间就找到了陆地，大概位置在南美洲海岸。他们在沿岸从事开垦工作，范围从赤道以北15°起至赤道以南5°为止。

　　他们最后的上岸地点是伊斯帕尼奥拉岛，该岛的"发现"者是哥伦布。当奥杰达游历的时候，该

岛就由哥伦布治理，哥伦布的人命令奥杰达离开。亚美利哥·维斯普奇在一封信里提到过此事：

　　"我们在此地得到各种供给，住了 2 个月零17天，我们遇见与哥伦布同来的基督徒，与他们同样遭受多次危险和困难，却和他们发生了冲突（我想是由他们的嫉妒心造成的）。其中的复杂关系，不便赘述。"

　　他们离开伊斯帕尼奥拉岛后，走了 6 个星期才到达卡迪埠。

　　亚美利哥·维斯普奇引起了葡萄牙国王曼努埃尔一世的注意，国王想让他为葡萄牙赢得一份美名，派他外出探险并担任船队的总指挥。接受这个使命后，他就带领 3 艘船从里斯本出发了。亚美利哥·维斯普奇重渡大西洋，向着南美洲前进，途中遇到狂风暴雨：

　　"启程后，我们遇到了长达44天的大风雨，除了雷、电、大雨外，海上没有别的东西。天空布满黑云，白天的光线和无月的夜晚差不多。我们充满了对死亡的恐惧，没有生存的希望。忽然间陆地出现了……我们的胆量立刻恢复了。"

　　他们游历过里约热内卢湾，也或许见过拉普拉塔河。不过几年后他们才到那里去开垦。

　　亚美利哥·维斯普奇发现了南美洲并证明了自己是所有航海家中的第一人，人们都很尊敬他。他依照星星的位置来计算经度，并且发现了南半球才能看到的各种星星，后来的航海家从他的经验中得到了很大的帮助。他探险的名誉又因他写给洛伦佐·德·美第奇的信而得以彰显。在信里，他说了自己乘着葡萄牙国王的航船游历新大陆的经历。经过慎重考虑后，他觉得这些地方似乎就是另外一个世界，所以称其为新世界。他这么认为不是没有道理的……所有的人都知道他发现了"地球的第四部分"。

亚美利哥·维斯普奇第四次探险时尽可能地朝亚洲行驶。然而他还是失败了，他的船只最终被风浪打回了里斯本。他认为船队中的其他船只迷失了方向，其实它们始终在后面跟随着。

曼努埃尔一世十分敬仰亚美利哥·维斯普奇，在1508年让他担任葡萄牙航海的总指挥。自此以后直至去世，亚美利哥·维斯普奇的责任就是训练并考核所有要当指挥的人，同时修正其他探险家绘制的航海图和地图。

他在葡萄牙享有盛誉，但是最大荣耀却出乎他的意料。1507年，里斯本城出版了一本小册子，作者写道：

"地球的第四部分已被发现，且殖民地已初具规模。这两项成就始于亚美利哥·维斯普

◇**自由女神像和曼哈顿**

自由女神像位于美国纽约市，是法国于1876年为纪念美国独立战争胜利100周年而建造并赠送给美国的。美国即美利坚合众国（United States of America）的简称。北美原为印第安人的聚居地，15世纪末西班牙、荷兰等国开始对此地进行殖民统治，英国后来居上。1775年爆发了北美人民反抗殖民者的独立战争。1776年7月4日，美利坚合众国正式成立。

奇。我认为必须将这个新世界取名为亚美利支或亚美利加，即亚美利哥的土地。亚美利哥是最聪慧的男人，欧、亚二洲的名字都源于女人的名字，用男人的名字命名新大陆，是合适的。"

新世界的名称在1507年的地图中就出现了，但是在这张地图和其后的许多地图上都只有南美洲的一部分是以亚美利哥·维斯普奇命名的。在当时航海所用的地图上，还有许多海岛被标在北美洲的位置上。直到1541年，新大陆才被正式命名为"亚美利加洲"。

有人称亚美利哥·维斯普奇为强盗，因为他的名字曾经被用来命名另外一个人所发现的地方。这种指责是没有根据的，因为他本人和这个名字的借用一点关系都没有。

哥伦布直到去世时仍相信他在西方发现了一条通往东印度群岛的海道，亚美利哥·维斯普奇知道他本人到过新大陆。发现美洲的荣誉应当归功于哥伦布，而确定新大陆已经被发现应归功于亚美利哥·维斯普奇。

第三章
达·伽马——印度海道的发现者

口传的故事往往比记录下来的故事更有趣味，每经人们口传一次，故事的内容就增多一分，口传者习惯用活泼的想象来增强故事的趣味性。借助口传的力量，15世纪的儿童听到过很多有关冒险的故事，许多年轻人立志投身于航海事业。

对航海心驰神往的年轻人中有一个人叫达·伽马。那时，航海家亨利的故事在民间广为流传。帕特里克·亨利曾经派遣过许多船只去航海，想要经由非洲沿岸到达印度。达·伽马很可能常常聆听有关帕特里克·亨利探险的故事，以及迪亚士航行好望角的故事。这类故事也许给了达·伽马极大的鼓励，使他成就了后来的伟业。

葡萄牙国王若昂二世只想经由好望角发现一条直通印度的海道，所以对哥伦布提出的要从大西洋直驱东印度群岛的请求全然不理。若昂二世直到去世都没有完成他的探险计划，他的继任者曼努埃尔一世对探险事业有着同样的兴趣，继承了若昂二世的遗愿，派了一支由4艘航船组成的小船队去探险。经过深思熟虑，他任命达·伽马担任船队的指挥，指导航海工作。

1497年6月，达·伽马的小船队从里斯本城经塔霍河启航。这次探险在世界史上占有极为重要的地位。关于这次航海，达·伽马本人并没有做过任何记载，但是他船上有一个不知名的水手曾记过日记。后来，这本日记被人发现。

◇印度古城

　　图为游客在日出时分乘坐大象游览印度古城的情景。印度是南亚次大陆最大的国家，为世界四大文明古国之一，公元前2500年至前1500年间创造了印度河文明。

从葡萄牙到东印度群岛，直线距离约3 770英里，但是因为沿途有风浪的阻隔，所以走的路远不止这些。他们到达佛得角群岛后又走了93天才在圣塞莱纳湾上岸。佛得角群岛位于非洲西部外海。航行时4艘船常常分开，当人们再次望见彼此时总是十分快乐。这个日记的作者说：当司令船与另外3艘船分而复合时，船上的人就吹着军号、燃放礼炮。那时的"炮弹"都是用石球制成的。

圣塞莱纳湾的原住民是棕色人种，妇女穿的衣服都是用皮革做成的。蜜蜂酿的蜜都放在草丛四周的土坡下。达·伽马一行人把一名在沙堆旁收集蜂蜜的原住民带回营地。第二天，他们给了原住民很多礼物，送他回去，目的是表示友好，使原住民愿意帮助他们。

他们走了4天才渡过好望角，达·伽马一行人在途中上岸过多次，感受到了各地原住民的友善。有一次，他们曾用3只手镯和原住民换了头黑牛。

在离开好望角4天后，他们就来到迪亚士听说过的最远的地方。不久，这些航海家就离开海岸驶入大海。此时他们的淡水出现紧张，只好用咸水做饭。有一段时期，他们每人每天只饮3/4磅①的茶水。1498年1月11日，他们在哥布列河上岸，该处的原住民酋长愉快地接受了他们赠送的礼物——短衫、1件红裤、1顶摩尔人的便帽和1只镯子。

那年3月，他们离开里斯本已有8个月的时间了。他们来到了莫桑比克。在那里，他们发现了白色的摩尔人航船，船上装有很多丁香、胡椒、姜，此外还有大量的珠宝。那里的原住民告诉他们，他们要去的地方出产大量的珍珠、宝石和香料，并且不需用钱购买，只需用人力搬取就可以了。得到这个消息后，达·伽马想去印度的热情更加强烈了。达·伽马信心倍增，因为他带领的海船比摩尔人的船要好得多——达·伽马的船都是用铁钉钉成的，并且有用棕席制成的帆桅，而摩尔人的船是用绳子结成的。达·伽马的水手们还带有指南针。

他们到达蒙巴萨和马林迪时正是航行的好时机。于是这个小船队渡过阿拉伯海，向印度南部的港口卡利卡特前进。他们在海上有23天时间没见过陆地。

达·伽马在卡利卡特拜访了印度国王。印度国王问他要些什么，他说：

---

①　1磅＝0.45359237千克。

"在过去的60年里，欧洲各国都曾多次派遣海船寻找印度，因为他们知道这里有些国王与欧洲的国王一样是基督徒。正是因为这个缘故，葡萄牙国王才派遣代表寻找印度；我们来印度的目的并不是为了金银，欧洲本身就有很丰富的金银。别的船长在海上航行一两年就把所带的粮食吃光了，不得不回到葡萄牙。但葡萄牙国王命令我，找不到印度的基督徒国王就不许回国。"

达·伽马初到印度时，印度国王并不厚待他，直到最后印度国王才写了一封信托达·伽马转交给葡萄牙国王，以示他对达·伽马的热烈欢迎。这封信的信纸是用棕叶做的，写信用的笔是铁笔。国王在信中说："印度出产最多的就是肉桂、丁香、姜、胡椒和宝石之类的物产，我希望你能拿金银、珊瑚、红布来和我们进行交换。"

达·伽马在回葡萄牙的途中遇到过很多困难。因为有风雨的阻隔，他们在路上耽搁了很长时间。很多水手都得疸病去世了。这种疾病从口部开始发作，逐渐蔓延到喉部。他们从卡利卡特出发，用了6个月的时间才到达好望角，又从好望角走了几个月才回到里斯本。这次旅行总计用了两年多时间，在这两年多时间中

◇酋长

酋长是一个部落的首领。在撒哈拉以南非洲的广大地区，酋长制度极为普遍，尤其是在偏远、落后的地区。酋长制度由原始氏族制度发展、演变而来。无论是过去还是现在，酋长制度在非洲的政治生活和社会生活中都具有举足轻重的作用。

达·伽马从未灰心过。

自从达·伽马发现了这条通往印度的海道，欧亚间的香料贸易就通过海道往来了。在此之前，威尼斯人通过叙利亚和亚历山大港这条旧路从事香料贸易，使威尼斯成了一座很富有的城市。此时里斯本已成为香料贸易的最大市场。达·伽马受到曼努埃尔一世的重赏，他后来还担任了印度总督。

◎**章首语**

　　在麦哲伦发现麦哲伦海峡前，欧洲的航海家们都梦想着从西方来到东方。这一海峡被发现后，他们的梦想才得以实现。

第四章
麦哲伦第一次环游地球

　　斐迪南·麦哲伦曾在东方为葡萄牙政府服务过 7 年。他大胆地断定在南美洲以南有一条海上通道可沟通太平洋和大西洋，使欧洲人能够从西方直达东印度群岛。

　　麦哲伦没有得到葡萄牙政府的厚待，因此他到西班牙请求西班牙国王查理五世为他提供海船，便于到南美洲寻找他坚信一定存在的海上通路。西班牙国王被他的精神感动了，坚信他的探险能产生巨大的利益。于是，国王给他 5 艘海船，最大的一艘重

◇**古代海船**

　　图为一艘古代海船的抽象画，海船在暴风雨中驶向大海。大海波涛汹涌，黑暗的天空不时出现闪电，可见当时航海历程的艰辛。

达120吨。查利五世派了一个仆人到船上去监视麦哲伦的行动，监视完毕后，这位仆人写了一封信给国王，提到了那5艘船："它们都是勉强修理过的破旧船只，我曾亲眼见到它们泊在岸边被修理的情形。那些船已经修了11个月了。我到船上去看过几次，在国王面前我敢声明：我不想乘这种船到加那利群岛去。"可是麦哲伦毫不介意，他和他的同伴情愿冒着性命之危走数千英里海路去探险。麦哲伦出发的日期是1519年9月20日，同行者有237人。麦哲伦动身之时已经替这些人筹划了一种保险的方法。他让自己所乘的海船行在前面做先导，一到晚上就在甲板上点燃火把，这样后面的船就都能知道他的位置了。同时他们之间又约定了各种暗号，能让其余4艘船的船长互通消息。

他们在出发后的第二个月来到了南美洲的圣奥古斯丁角。这些航海家在那里获得了大量的粮食。生活在那里的原住民是棕色人种，他们穿的衣服是用鹦鹉毛做成的，他们甚至很愿意用自己的女儿交换白人的长刀和斧头。

麦哲伦的船在那里停泊了13天，然后沿着海岸向南行驶到达巴塔哥尼亚海岸。根据航海日记，巴塔哥尼亚是一个巨人国，为了抵御严寒，那里的居民用兽皮做衣服，用茅草做鞋子。

那时已是3月，而该地的冬季正是从3月开始的，所以麦哲伦就决定在圣胡利安过冬，但很多人不愿意把几个月的光阴浪费在荒僻的海岸上。因缺乏供给，食物逐渐减少，同行者更加不满。他们认为应该到北方去，因为北方的气候暖和些。他们认为这里并没有发现直通太平洋的海道，可以放弃这种无用的探寻了。有个历史学家曾评价麦哲伦的探险说："他们所走过的路程已经远远超过人类的想象。"麦哲伦心中已经有了方向，他知道只有两条路可走：一条是死路，一条是完成探险事业的路。他对同行者说："我们一直向前行进，直到发现陆地的尽头或海峡。"曾有3艘船的船长与水手联合起来反叛麦哲伦，他们决定立刻驶回西班牙。麦哲伦重重地处罚了他们，此后整个船队才依照麦哲伦的计划继续航行。

1520年10月21日，他们在海岸发现一个海口，麦哲伦将其命名为拉斯桑托斯运河。他派了两艘船做先导，随即命令整个船队向前行驶，通过现在的麦哲伦海峡。显然，他已经找到想找的通路了。

这个海峡的南岸发出许多焰火般的灯光，所以麦哲伦称该地为火地岛。

在这里他丧失了2艘海船。其中一艘搁浅在沙滩上，另一艘在黑暗的夜晚不辞而别——船长和水手对探险感到厌倦，偷着回西班牙去了。麦哲伦以为那艘迷失的船一定能跟上，就没有停下来等待。船中有一个舵工，他在叙述这次探险时写道：

"麦哲伦离开时留下几封信，便于那只迷失的船依照信上所指定的路线追上队伍。我们从这里来到海峡，水面宽窄不一，有的地方9英里宽，有的6英里宽，有的3英里宽，也有1.5英里宽的。我们白天行船，晚上休息。麦哲伦派遣小船在前面探路，海船在后面慢慢地跟随。不久小船就报告说发现出路了，因为他们看得到对面的大海。麦哲伦得知这个消息后大为欢喜，吩咐炮兵燃炮庆祝……这个海峡总计300英里长。"

随后作者接着写道："过了海峡，麦哲伦看见非洲海岸仍向北直升上去，呈一条直线延伸，他吩咐各船只离开右边的海岸，驶向大海的中心（我相信这里的海水从来没有见过其他船）。"

1520年11月28日，麦哲伦的船队驶进了太平洋。太平洋这一名字是麦哲伦命名的，因海水十分平静而得名。他们又继续行驶了3个多月。此时他们带的饼干已经成了布满小虫的面粉。他们喝着污水，吃着用海水煮过的牛皮，木屑与鼠肉都成了珍馐。鼠肉供小于求，极为紧俏。除了天气外，差不多所有的东西都与他们为敌，比如疾病与死亡。

◇**麦哲伦横渡菲律宾**

菲律宾共和国简称菲律宾，位于西太平洋，是东南亚一个多民族岛国，共有7 000多个大小岛屿，面积约30万平方千米。菲律宾人的祖先是亚洲大陆的移民，14世纪前后建立了海上强国苏禄王国。自1565年起，西班牙侵占并统治菲律宾300多年。

　　麦哲伦的 3 艘海船到达菲律宾群岛后，水手们的食物终于丰富起来了。该地原住民对这些初次见面的白种人很和蔼，麦哲伦一行人在那儿度过了几个星期的愉快时光。尽管如此，最后还是发生了悲剧。1521年 4 月27日，麦哲伦夺取麦克坦岛时被该岛的原住民杀害了。

　　麦哲伦去世以后，水手们赶紧另选了一位司令官，指挥船队前进。根据麦哲伦的遗愿，他们继续前进，到达马鲁古，再由好望角回到欧洲。1522年 9 月6 日，船队中仅存的一艘海船到达维塞利亚。船上一共还剩18人。他们用了两年多的时间环游了地球一周。

　　人类第一次环游世界有三大重要收获：

　　（1）发现麦哲伦海峡；

　　（2）发现菲律宾群岛；

　　（3）欧洲人知道了从大西洋可以直达东印度群岛。

第五章
德雷克环游地球

弗朗西斯·德雷克从小就希望离开英国的小乡村到海外去，他时常想象要游历的地方。他在少年时期就得到了一个机会。他是贫苦人家的长子，所以必须尽早独立生活。他在一个专营沿海贸易的海船上学习，认识了一些船员。

德雷克18岁时在比斯开湾贸易站的一艘大船上担任会计，过了几年，他升任一艘发往墨西哥湾的海船的船长。这时他已是一位十分魁梧、勇敢的水手了。

他的勇敢行为令女王伊丽莎白极为看重。1570年，伊丽莎白派他到西班牙控制的美洲大陆去劫掠西班牙采办金银的货船。后来伊丽莎白又给他3艘海船，让他带领船队到西印度群岛去。他在那里夺取了西班牙控制的一个市镇。

接着，他到达巴拿马，上岸时同行的人都跟了过来，他们每次都忠诚地跟随领袖。他站在一棵树上，第一次看见太平洋的风景。虽然在1513年，西班牙探险家巴尔博亚见过太平洋，但是德雷克是英国首位看到太平洋的人。在他向西看之前，英国人对太平洋还没有任何认知。德雷克决定将来一定还要横渡太平洋，用当时一个作家的口吻说，"他想将太平洋彻底探查一遍"。

德雷克于1573年回到英国，但他并没有忘记横渡太平洋的愿望，暂时在家乡找了一份工作。无论在哪方面都有人赞美他勇敢、有胆量、热忱，是个豪侠。他花钱总是很有智慧，当他声明要航渡南海（太平洋南部当时的名称）

◇**古老的西班牙大炮**

　　图为圣地亚哥堡垒废墟上的古老的西班牙大炮。早在春秋时期，中国就已使用一种抛射武器，名为礮。10世纪时，火药被用于军事中后，礮便用来抛射火药包、火药弹。12世纪30年代，宋代出现了以巨竹为筒的管形喷射火器，即火枪。13世纪50年代，又出现了竹制管形射击火器，即突火枪。这两种武器的出现对近代火炮的产生具有重要意义。

　　时，绝对没人嫉妒，伊丽莎白随即为他筹到此次探险的费用。不少人都想与他同行，报名的人大大超过所需。

　　1577年12月13日，他带着从人从英国的普利茅斯出发。出发时这个船队包括德雷克自己的船皮立干，此外还有伊丽莎白、三桅船万寿菊、宽底海船天鹅、双帆船克里斯托福4艘。在这5艘海船中，只有德雷克自己的船完成了使命。

　　对这次航海事件的记载，出版于1628年。作者是皮立干船上的牧师弗朗西斯·弗莱彻。弗朗西斯·弗莱彻之所以赞赏德雷克，是因为"他自己也是英雄，甘愿牺牲个人财产、时间甚至生命去探求地球真正的圆周"，"德雷克有'测量地球的创举'，值得我赞美，他是第一个成功环游地球的人，他在许多方面都超过了麦哲伦"。德雷克的第二个目的是沿途抢掠西班牙的海船并将其当作战利品，可是弗朗西斯·弗莱彻完全没有提及这一点。

读读下面这段文字，我们就可以了解弗朗西斯·弗莱彻的文笔了。这段文字是从他所写的故事中挑选出来的，主要描写了他们在佛得角群岛和巴西海岸间63天的时间里在无边的大海中生活的情景。

"我们常常遇见逆风和不受欢迎的风雨，绝对遇不到我们喜欢的晴朗天气。那时我们已经来到赤道，天气简直热得让人无法忍受，时常雷电交加，几乎要把我们吓死，可是我们还是很快乐。"

他们一行人向南行驶，不久就来到一个神奇的地方："我们来到岸边，看到许多鸵鸟，至少有50只，还有其他各种飞禽和杂色野花。鸵鸟不能飞翔，却跑得很快，人无论如何是追不上它们的。不仅追不上它们，就是用枪箭也无法射到它们。"

德雷克的船行驶了10个月，在南美洲以南的海岛间航行了几个星期，才到达太平洋。这时，德雷克的船已经改名为金兴了。他们不太了解太平洋海岛的情况，不过曾听说过关于这里的很多离奇古怪的故事。后来德雷克根据观察的结果，对该区域和秘鲁沿岸的地图进行了修正。

◇**南美洲**

南美洲位于西、南半球，是世界第四大洲，北部和北美洲以巴拿马运河为界，南部和南极洲隔德雷克海峡相望，陆地面积约1 780万平方千米。

　　此时金兴号与船队中的其他各船分开了，只好独自前行，其余的船只有些已经回到英国去了。

　　金兴号慢慢地沿着秘鲁的海岸向前行进，过了墨西哥，来到美洲西海岸。德雷克在这里看见美洲大陆有一片伸出的陆地与德雷克观察到的亚洲的一片伸出的陆地相对，便怀疑美洲和亚洲一定"完全相连着"，至少也是"彼此相距

　　◇普利茅斯种植园

　　普利茅斯位于英国西南部的德文郡，是一座拥有悠久航海历史的城市，曾经是皇家海军的造船厂，也是16世纪至19世纪英国人出海的港口。该市的重要地点包括城堡、德文港船坞和碉楼（1620年清教徒前往美洲时的出发地）。

很近"。他断定亚洲和美洲间可能没有海峡，即使有海峡，海船也不能行驶。

　　1579年 6 月26日，德雷克的船改变了方向，"开始了它在太平洋中的长途航驶……我们目之所及只有大海，在这68天的时间里，我们没见过任何陆地"。

　　金兴号在太平洋南部航行了很多地方，都很平安，直到1580年 1 月 9 日，这艘船不幸搁浅在一片沙滩上。人们想尽方法，船始终不能脱险，"我们的船似乎被钉在了沙滩上，它简直一动不动"。如果他们继续在船边守着，除了等死，没有第二个结局，因为这艘船随时都可能破裂；人们也不可能全部上船等候，因为船上本来就有58人，此时最多只能容纳20人。

　　金兴号共搁浅了20小时之久，后来才来了救兵。海风方向的改变使它脱离了浅滩。船上的牧师说："这次搁浅是我们遭遇的最大的危险。"

　　6 个月以后，金兴号驶过好望角，到达非洲西部的塞拉利昂。1580年 9 月26日，英国历史上第一次环球航行宣告结束。船中牧师总结说："我们平安地回到了以前出发的地方——普利茅斯，我们总共在路上走了 2 年10个多月，看到了各种新奇的事物，发现了很多有趣的东西，经历了很多艰难险阻，克服了很多困难，才把地球环游了一周。"

◎**章首语**

　　茶在东方国度有着很重要的位置，它为世界上最大的贸易公司赢得了巨额财富，为英国政府占领了一块最大的殖民地。

第六章
东印度群岛的开辟

　　胡椒和丁香是世界上最伟大的探险事业的重要诱因。哥伦布出发探险的目的就是寻找香料的出产地，无意间发现了美洲。

　　葡萄牙和西班牙在寻找香料出产地的竞赛中你追我赶，英国加入时葡萄牙正在宣扬自身的探险事业，而西班牙相信它已经获得了地球上的主要水上通道。

　　自德雷克时代以后，英国继续派了很多人去海外探险，其中一个就是托马斯·卡文迪许爵士。1586年，他带领3艘小船出海探险。有人说他船上的船员都穿着绸缎做的衣服，船桅的风帆也是用花缎制成的。他们曾经到过西班牙所属美洲的太平洋海岸，游历过西班牙在印度洋统治的各个岛屿，然后才由好望角回到欧洲。

　　卡文迪许讲了很多故事，谈及与东印度群岛贸易的利润，这引起了伦敦一些冒险商人的兴趣。许多商人联合组织了一个机构，派专人到东印度群岛开展贸易。1591年，他们派了一个小小的船队出海远航，希望能把卡文迪许所说的财富带一部分到伦敦来。此次远航成就了东印度公司的首次海外贸易。

　　几个月后，卡文迪许就带领海船出发了，目的地是巴西和中国，那时卡文迪许已经把他带回的财产全都花光了。在出发几个月后，卡文迪许就在路上去世了。

◇亚洲古老铁制茶具

　　据文字记载，中国在3 000多年前已经开始栽培茶树。中国是茶树的原产地，中国西南地区包括云南、贵州、四川等山区是茶树原产地的中心。

　　有了前车之鉴，一些商人认为他们必须有一个强有力的组织才能成功进行贸易。在与东印度群岛的贸易方面，荷兰人已经捷足先登，所以他们决定请求女皇伊丽莎白给予皇家特许证书，并给他们一个特权，即能够通过非洲的这条海道和印度进行贸易。当时，一切合法的商业都必须持有正式的特许证书。1600年12月31日，伊丽莎白发给他们一张皇家特许证书，将他们的组织取名为"伦敦商人的东印度贸易公司"，并且授予他们航海和在东印度群岛进行贸易的特权。这个拥有很长名字的公司后来改名为东印度公司，它曾是世界上最大的贸易公司。

　　最初的两次航行，人们都没有到达印度大陆，直到1607年的第三次航行才找到印度大陆。从此以后，一些探险家就勇猛地进行冒险了。在这种模式下的初期贸易中，东印度公司的股东们把百分之百的盈利视为寻常。长久以来，人们每次航海都能收获关于印度群岛和东方半岛的地理知识。由于人们时常到东方去赚取财富，所以东半球的地图也就渐渐地明确了。欧洲人在很多地方设立了工厂和商业机构。

　　东印度公司不仅拥有自己的军队，还自己制造货币。后来它占领了印度的一大部分，使印度成为英国的殖民地。

　　因为有利可图，不久东方的茶种就被运往欧洲。塞缪尔·佩皮斯在1660年 9 月25日的日记中写道："我曾喝过一杯中国茶，之前我从来没有尝过。"1664年，东印度公司将几磅中国茶送给查理二世，几年后又有100磅茶运到，这是英国对茶叶的第一次输入。茶业贸易在开始时规模较小，后来得到了极大的发展，居然成为东印度公司最大的贸易项目之一。

东印度公司垄断了印度全部贸易后，每年的利润常常超过100金镑①，在许多年里其年收入竟然超过政府的年收入。1858年，该公司将一切权利交回政府。

◇东印度公司的乡村住宅

1600年12月31日，英国女皇伊丽莎白授予东印度公司皇家特许状，给予它在印度贸易的特权，这种特权一直延续到1858年其被解除行政权力为止。

---

① 金镑：英文 pound sterling，19 世纪初期至第一次世界大战结束在英国本土及殖民地流通的面值为 1 英镑的金币。当时 1 金镑 =1 英镑。

第七章
库克

　　詹姆斯·库克12岁时就在家乡英国约克郡的商店里学习经商。不过在他学习经商的时候一心想到海外做一番事业，不大专注于眼前的工作。他可能读过几本有关探险家的书籍，因此他总想设法到海外游历，自己也能写一本同类的书供人阅读和欣赏。当他同雇主发生争执时，他简直高兴极了。这次争执使他脱离商店，到拥有两条煤船的主人那儿去做工。新雇主的煤船终年都在英格兰和苏格兰沿海一带航行。

　　1755年，27岁的库克首次横渡大西洋。他先在圣劳伦斯河，后在纽芬兰做过仔细的研究和观察，这些研究结果曾给当时通用地图的绘制以极大的帮助。

　　因为库克在纽芬兰工作很用心，所以在1768年，主人特派他到太平洋南部的塔希提岛去考察。他们由普利茅斯乘恩德发号船出发。刚开始时一路都很顺利，水手们能力都很强，又不缺少食物。"如果我们把未完成的工作当成已经完成的工作且半途返回，我觉得这简直是不忠实的行为，不仅会使别人笑我没有恒心，也不能为舆论所容。"

　　库克在太平洋南部只探寻了几个月，就发现了新喀里多尼亚，同时他在火地岛做了细致且大量的测量工作。库克的这次探险历时3年多，共走了5.4万英里的路程。

　　东印度公司的商人始终都是为搜取新的货物而来。后来，万丹支店就提议经营茶业，说这种贸易利润丰厚。1772年 6 月13日，库克又到太平洋南部开始了第二次探险，此次探险的目的是考察那里到底有没有一个南方大陆。这次他不仅游历了前次他画的地图中所载的各座岛屿，还到南冰洋①探看了一番，到了前人未到过的地方。后来因为该处结冰太厚，船不能航行，所以他们只好在南纬71° 10′的地理坐标处返回。对于南极的冰，他这样说道："它从东方结到西方，为我们目力所不能及……在这个大冰场中，我们看见了97座冰山……不仅我自己深信，同船的人都深信这个冰场一直结到了南极。"

　　同行的一些人想回去，但是库克打定主意继续向前航行。他说："我们这次出来唯一的使命就是要在太平洋南部彻底探看一番，现在的工作并没有结束。"当时他只是一个海军少佐，航海归来后他就升任了司令官。

　　库克不仅完成了主人让他做的工作，还游历了社会群岛和新西兰东海岸。新西兰是1642年荷兰人查士曼发现的，不过后来游历该岛的人很少。库克围着新西兰的四周航行了一圈后，证明该岛并不像前人所说的那样是澳大利亚的一部分。

　　澳大利亚本是17世纪初由荷兰人和西班牙人发现的。不过在库克到达澳大利亚之前世人对这个大陆知之甚少。库克游历了澳大利亚东海岸的全部区域并绘制了一张地图，同时为政府争得了该地的所有权。

　　因为他是一个有功绩的人，所以他

◇檀香山图章

　　檀香山即火奴鲁鲁，是美国夏威夷州首府和港口城市。在夏威夷语中，火奴鲁鲁意为屏蔽之湾、屏蔽之地。因为早期盛产檀香木，而且被大量运回中国，被华人称之为檀香山。檀香山原为波利尼西亚人的小村落，19世纪初因檀香木贸易和捕鲸事业而得到发展，1850年为夏威夷王国首府，1898年夏威夷归属美国。

---

①　南冰洋是对围绕南极洲的海洋的称谓。国际水文地理组织于 2000 年确定其为一个独立的大洋，但有学者不承认"南冰洋"这一称谓。

◇澳门阿玛文化村

澳门，全称为中华人民共和国澳门特别行政区。1553年，葡萄牙人取得澳门居住权；1887年12月1日，葡萄牙开始对澳门实行殖民统治；1999年12月20日，中国政府恢复对澳门行使主权。澳门是一个国际自由港，是世界人口密度最高的地区之一，是全球最发达、富裕的地区之一。

的下半生生活得很快乐。后来政府又要派人到北冰洋去探险，目的是调查太平洋和大西洋间有没有一条通向西北的道路。库克得知消息后毛遂自荐。他得到了这个差事，1776年6月11日，他乘立志号出发了，同行的还有一艘发现号。

库克在第三次航海中的第一件重要事迹就是游历了夏威夷群岛。岛上的原住民看到这些远道而来的游历家，十分畏惧。其后库克又游历了努特卡海峡和阿留申群岛。他开始并不知道白令海峡，因为当时的航海图还不大完备，但是库克此次的探险工作十分到位。他绘制的航海图非常准确，在其后的许多年里，到这里航海的人都用库克绘制的航海图。

立志号所到的极北之地是北纬70°29′的位置，因为前面已是冰面，库克只好退回。

库克回程时又游历了夏威夷岛。1779年2月，他被岛上的原住民杀害。库克的同伴选了一名新领袖，带领立志号船南行至中国的沿海城市——澳门。船上的人把他们从北地带来的海獭皮卖给澳门人。这次海獭皮的交易引领了后来的探险事业，使大批欧洲人迁居到美洲大陆北部的太平洋沿岸。有一个船员记载了如下故事：

"我们中间有一个水手，他一个人的货物竟卖了800元，有几张上等獭皮卖出了高价，每张卖了120元。他们所得的钱全部用来购买香料和其他的东方出产的物资。这些物资在售出以后，他们总共得到1 000英镑的收入。据推测，我们从美洲获得的货物中至少有2/3在沿途损耗掉了，有的被我们抛弃了，有的放在了堪察加半岛。我们仍然记得最初收集这种皮货时并不知道它们到底值多少钱，只知道美洲的印第安人爱穿这种皮料。我们在路上也不太在意皮料，时常把它们当被单用。我认为，我们航行美洲所获得的商业利益是很重要的，足够引起社会的注意。"

库克获得很大的荣誉，因为他在一次航海中仅在美洲西岸完成的探险工作就比西班牙人200年间完成的探险工作伟大得多。

第三编
非洲：5个男探险家和1个女探险家

Real Stories of the Geography

第一章
帕克——非洲最伟大的探险家

1771年，蒙戈·帕克生于苏格兰塞尔柯克附近的农村，幼年的生活极为困苦。他从小就立志当一名医生，15岁时开始在一个外科医生手下学医，后来又继续学了几年。

从爱丁堡大学毕业以后，帕克在苏门答腊的东印度公司当了一年的外科医生。他回国后听说国内有一个非洲协会，是专为促进非洲的探险事业而成立的，现在正要聘请一个人前往非洲。有些探险家为了寻找尼日尔河命丧非洲，非洲协会请人到非洲的目的就是继续前人未完成的事业。这一事业不仅对国家有价值，还可以满足自己游历和探险的心愿，帕克自告奋勇地报了名并被录取。当时他只有24岁。

帕克富有传奇色彩的旅行始于1795年5月22日。他动身后向着冈比亚河方向航行。他计划以冈比亚为起点寻找并探索尼日尔河，从它的发源地开始一直到出海口为止，还要沿途游历尼日尔河两岸的重要市镇。

因为要等待晴朗的天气，帕克一行人耽搁了几个月才开始进行探险。他在这几个月中研究了当地的语言和风俗，留在后方的朋友预料帕克再也不能回来与他们见面了，因为他走的就是霍顿少校丧命的那条路。

之后一些到非洲游历的人会带领许多仆从与大宗货物。帕克这次到非洲内陆游历时最初几天有其他游历家跟随，后来他的身边只有 2 个尼格罗人，

◇苏门答腊的原住民

生活在明打威群岛上的原住民。明打威群岛是印度尼西亚重要岛屿苏门答腊岛的附属群岛。苏门答腊岛古名为金岛，在中国文献中也称为金洲。16世纪时，苏门答腊岛曾吸引很多葡萄牙探险家前来寻金。苏门答腊岛是世界第六大岛，面积约47.5万平方千米（包括属岛）。

其中一个还是小孩子。帕克骑马，2个仆人骑驴。他只带了够吃2天的粮食，还带了很多珠子、琥珀和烟草，因为这些东西可以换粮食。

帕克的旅程险象环生，沿途多次被人拦下并被质问游历的动机。有一次他刚到一个地方，就被20个士兵围着，对方说他必须先纳税或送给国王一件礼物，才能到这个市镇来。士兵还说，根据法律，该处的政府可以将他们及其物品全部扣留。帕克如果不将他的大部分货物送给这些人，那么他便会沦为奴隶，甚至丢掉性命。

仆人们尽力劝他回到沿海地带，问他："内地的人如此凶恶，我们既没有食物又没有货物，怎么能再往前走呢？"但是帕克探索尼日尔河的决心十分坚定，虽然连他自己都不晓得怎样继续前行，也不知道哪里可以买到食物，可他还是没有停止前进。

他在路上又遭遇了很多危险：受到士兵的攻击、遭受强盗的抢劫……仆人都不敢和他一起前行了，他只好独自旅行。后来，那个尼格罗小孩渐渐克服了内心的恐惧，追上来继续跟随他。

帕克最终还是被当地酋长抓住并关了起来，他的衣服、指南针被人抢走了。他终日没有水喝，被饿得半死。酋长一度考虑将帕克处以死刑，至少要砍掉他的右手或挖出他的眼珠。

1796年7月1日，已经被囚禁了4个月的帕克不得不舍弃仆人和货物只身逃走。他带了马匹和指南针，又向前探寻尼日尔河去了。在路上，他常常好几天吃不到东西，只能喝雨水。晚上睡觉的时候，帕克只觉得自己是个非

◇尼日尔河边的房屋

尼日尔河是西非的主要河流，全长约4 200千米，是仅次于尼罗河和刚果河的非洲第三大长河。在遥远的古代，尼日尔河的名称有很多。发源地附近的居民称之为"大量的血液"，上游一带的居民称之为"河流之王"，中游的居民则称之为"伟大的河流"。

洲内陆的乞丐。

　　幸而帕克的命运改变了。他遇到了一些从伊斯兰教圣城麦加朝觐回来的人，这些人带着他一同旅行。朝觐者没有把帕克当欧洲人看待，对他照顾有加。帕克最终走到了尼日尔河，他因此获得了"第一个找到尼日尔河的欧洲人"这一荣誉。

　　帕克打算渡过尼日尔河去拜访班巴拉国王，但是国王事先就派人对他说，他必须说明来此地的原因，才能拜见。国王亲口说出这种话，那里的人都不招待他。帕克无奈，只能在一棵树下等候。到了晚上，为了躲避野兽的侵害，帕克打算在树上睡觉。在他刚要爬树时，一个从田间劳作回来的妇女从树边走过，顿生怜恤之心，于是就请他到家里去休息，还为他做了晚餐。帕克吃饭时，妇女和她的家人坐着纺纱。他们一边工作一边唱着：

> 风吹着，雨下着，
> 可怜的白人坐在树下。
> 没有母亲给他牛乳，
> 也没有妻子为他研谷。
>
> 我们怜悯这个白人吧，
> 他没有母亲。

　　当国王听说帕克走了如此遥远的路程来到这里的目的就是寻找尼日尔河的时候，觉得此人太可笑了。国王心想，他的家乡就没有河流吗？他并不相信帕克的说辞，不许他前去拜谒。不过，国王还是派人给他送来很多路费。

　　帕克并没有因此放弃计划。他孤苦伶仃地向廷巴克图的方向走了80英里，可还是没能到达廷巴克图，因为他的旅程被风雨阻隔了。饥寒交迫之下，他只好踏上归途。他沿着尼日尔河走了300英里才来到非洲海岸，回到了出发地。朋友在那里热烈地欢迎他。

　　他在非洲内陆时写的笔记全都放在帽子里，保存得非常好。后来他将此次探险的经历和收获写成一份很有价值的报告。这份报告之所以有价值，不仅因其包含很多确实的新闻，还因为它使读者对非洲产生了新的兴趣。

应英国政府的请求，帕克于1805年又来到尼日尔河进行第二次探险，以完成他之前未完成的工作。这次他除了带了一个当向导的原住民外，还带了44个欧洲士兵和工匠。他们到达尼日尔河前，很多人都在路上患热病死了，除他之外只剩11个欧洲人了。

帕克和一个力气很大的士兵，用2艘原住民所用的树皮小船制作了1艘双桅小船。他将这艘船取名为焦利巴——非洲原住民对尼日尔河的称呼。1805年11月19日，当帕克由尼日尔河上游往下游行驶的时候，同行者只剩4个原住民和4个欧洲人了。帕克在信中勇敢地说：

"我一点都不失望。我将保持最初的志向——考察尼日尔河的发源地。对于这条很长的大河，我并没有得到任何可靠的消息，但是我现在更加相信一个事实——它的尽头不在别的地方，一定在海里。即使同行的欧洲人都死去，我自己只剩半条命，也要坚持下去。如果我此次不能达到目的，就算死也要死在尼日尔河。"

在这封信之后，欧洲就再也没有得到任何关于帕克的消息了。几个月后，一个原住民把帕克的日记送到海岸，于是人们就派这个原住民到内陆探听帕克的下落。此人找到了帕克船上唯一的幸存者，这名幸存者是尼格罗人，人们从他那里得到了帕克的消息。焦利巴船沿着尼日尔河航行了1 000多

◇尼格罗女人

穿着图案鲜艳的衣服，戴着富有特色头巾的尼格罗女人。尼格罗人是世界三大人种之一，通称黑种人。

英里。非洲原住民曾多次攻击焦利巴。有一次他们被 60 艘树皮船包围，船上的人不怀好意。此外它还遇到过很多野兽，不过每次都有惊无险。1806年 1 月的一天，焦利巴触礁后损坏了。岸上的原住民向被困者发起了进攻。帕克跳进河里淹死了。

　　帕克第二次探险时的日记随着他的去世大多散佚，但是欧洲人并没有放弃帕克未完成的工作。帕克去世后，又有其他探险家继续到尼日尔河探险。1830年，理查德和约翰·兰多从尼日尔河一直航行到了大西洋。

第二章
利文斯通

　　1813年 3 月19日，戴维·利文斯通生于苏格兰的布兰太尔兹城。他父亲是一个贩茶的小游商，很喜欢读书。利文斯通遗传了父亲读书的爱好。他所读的书中有一本是《霍屯督族见闻录》，这本书给他的印象最深刻。

　　10岁时，利文斯通在纱厂做工，用微薄的工资维持生活。他每天早晨 6 点就开始工作，一直工作到14点。匆忙吃完晚饭后，他就到夜校去学习拉丁文，晚上10点才离开学校回家，在家继续温习功课，直到半夜才休息。除学习拉丁文外，他还读些关于科学和传教士游历方面的书籍。

　　利文斯通在纱厂工作时也在读书。他在工厂读书的方法是把书籍放在织机上一个很方便的地方，以便纺纱的同时一句一句地阅读。这样，利文斯通就有了长时间读书的机会。通过长时间在运转的织机旁读书，利文斯通锻炼出一种专心的能力，即使在别人唱歌、跳舞的时候，他都能够安心读书。

　　利文斯通刚成年的时候，立志当一名传教士。他对自己的学识仍不满意，还想继续多受一点教育，所以在20岁时，他冬天到格拉斯哥的安德森学院去研究医学和神学。那时，他的工资已经很高了，冬天休息几个月去求学，也不会对生活造成影响。

　　利文斯通在安德森学院的第二年请求加入伦敦教会，教会接纳了他，请他到非洲去传教。他在格拉斯哥医院实习一段时间后获得了医生文凭。

1840年12月，利文斯通动身前往非洲，他的航船在海上行驶了5个月。在这段时间里，他跟船长学到了很多知识，比如如何根据天上星星的位置来进行各种观察。当他来到非洲内陆后，这些知识派上了很大用场。

利文斯通到非洲后，在阿尔哥亚湾上岸，又来到库鲁曼。库鲁曼是开普敦城以北700英里的一个市镇，在两年时间里，利文斯通边旅行边行医，人们对他和蔼的态度与勇敢的精神赞誉有加。

他随后又到玛波查去游历。玛波查四面环山，是一个美丽的山村。但是山里有很多狮子出没，那里的原住民生活在恐慌里。利文斯通自己也遇到过一次，差点命丧狮口。他对自己的经验并不太重视，后来经友人的请求，才将这些经验发表出来："狮子把我的肩膀和后背都抓花了，我和它都倒在了地上。它一面吼叫，一面摇动我的身体，就好像狗抓着小老鼠一样乱摇。经过这样的折腾，我已经不省人事，好像一个被猫咬过的老鼠。"当原住民还没有将那只狮子彻底赶走时，他的左肩已经被狮子咬成碎片。自从那次受伤后，他的左肩再也不能用力。

1844年，利文斯通和一个传教士的女儿结婚了。妻子和他一起旅行过几次，他也做过很多次短期的探险旅行。利文斯通想在北部开一条到乡间的道路，以便设立教会。在一次旅行中他发现了恩加米湖，后来又来到赞比西河。

1852年，他把妻子和儿女送回家后又开始了旅行。他的装备质量不好，途中历经磨难。此次旅行的成果是发现了维多利亚瀑布，并且在中非开辟了两条

◇**维多利亚瀑布**

　　维多利亚瀑布又称莫西奥图尼亚瀑布，位于非洲赞比西河中游、赞比亚与津巴布韦接壤处。瀑布宽1 700多米，最高处108米，为世界著名瀑布奇观之一。1855年欧洲探险家戴维·利文斯通在旅途中发现了它，并以英国女王的名字为其命名。

大道：一条通向非洲东海岸，一条通向非洲西海岸。其间所经历的困难不知有多少。

　　利文斯通来到林杨特，在那里设立了一个临时教会。他从林杨特动身后又做了几次探险，也做了很多重要的调查。他没有找到一个适合设立永久教会的地方，后来就放弃了这项工作，到非洲西海岸去旅行。他认为这次途中凶多吉少，就写了一封告别的信寄给家人。他在信中说："我要开辟一条到非洲内陆去的道路，即使死了也心甘情愿。"

　　长达7个月的艰难旅行开始了。原住民对他特别凶恶，向导抛弃了他，热病袭击了他。当他走到西海岸的罗亚尔达圣保罗教堂时，几乎成了一具骷髅，他在那里休息了4个月才渐渐康复。当时有一艘海船要回英国去，朋友劝利文斯通乘这艘船回英国，但是他没有同意。他答应过要将那些从林杨特同来的人送回去，不得不再回到内陆。

　　利文斯通离开林杨特，去寻找到达东海岸的道路，途经赞比西河时发现了

◇尼亚加拉瀑布
　　尼亚加拉瀑布位于加拿大安大略省和美国纽约州交界处，瀑布源头为尼亚加拉河，主瀑布位于加拿大境内。尼亚加拉瀑布与伊瓜苏瀑布、维多利亚瀑布并称为世界三大跨国瀑布。

维多利亚瀑布。这条瀑布的高度是尼亚加拉瀑布的 2 倍。他时常遇见凶恶的原住民阻止他前进，却幸运地躲过了一切危险，在1856年 5 月完成了这次旅行。

几个月后，利文斯通乘一艘海船回到了英国。他的探险报告早已先他被送到了英国，当他本人到达时才知道自己已经成了名人。他研究过天文学，所以能在地理方面取得很大成就。皇家天文学会说："依照利文斯通所走的道路，你们可以畅行非洲而不会迷路。"

在家乡的18个月里，利文斯通每天除了赴宴会、致贺词、著书外，其余时间都和家人在一起。假如他愿意从此不出门而在家乡安居，那么，他只需专卖他著的书《传教士在南非的游历与调查》，就足够使他成为富人了。不久政府就派遣他担任非洲东海岸的领事，同时兼任东非与中非探险队的司令官。于是他辞去在伦敦教会的职务，他认为自己完全不必花教会的钱仍可继续从事探险事业。1858年，利文斯通重回非洲的时候，妻子和长子一同前往，但是因为妻子身体不好，利文斯通不得不把她和儿子留在库鲁曼，自己到赞比西河去探险。

过了一段时间，他发现了尼亚萨湖。他发现尼亚萨湖是到非洲中部的门户，于是想拿出2 000金镑在湖岸设立一个殖民地，但是他的计划没能实现。这里的黑奴贸易给他留下了深刻的印象，他立志说服国内人士，使他们同意停止这种贸易。

他从英国带来一艘名叫玛-罗伯特的小轮船，1861年，政府又送来了一艘名叫先锋号的小轮船。有了这两艘船，他在赞比西河及其支流中航行了一遍。1862年，利文斯通的妻子带了一艘名尼亚萨夫人号的船与丈夫团聚，预备在尼亚萨湖中乘用，这艘轮船是利文斯通私人购买的。她到达丈夫那里之后 3 个月就去世了。

当利文斯通正准备乘坐尼亚萨夫人号去湖中时，政府把他召回。因为政府已经决定收回成命，不再让他探险了。他在那里耽搁了很长时间才带着轮船回到非洲海岸。他本来可以在那里将轮船按照原价卖给贩卖黑奴的商人，但是他不愿意助长这种非人道的贸易，所以他宁肯将船带在身边。后来他的船只卖到了原价的1/3。

利文斯通第二次回国后，大部分时间都花费在写作《非游第二卷——赞比西河及其支流》一书上。在书中，他提到了最近的探险事业和惨无人道的黑奴

◇运输奴隶

载有奴隶的船只以及岸上无助的奴隶。奴隶主欲将最近购买的奴隶赶到前往欧洲的大船上。

买卖。

1865年，利文斯通最后一次来到非洲，他带领一群原住民从桑给巴尔出发，去探寻尼罗河的发源地。此次旅行途中他又遇到很大的困难，很多同行的原住民离他而去，他自己也受到了热病的侵扰，可是他仍然继续前行，探察了坦噶尼喀湖与梅洛湖。他在路上得过一次肺炎，精神上遭受很大的痛苦。他在海岸处购买的用品被人抢劫一空，因此，他不得不在那里逗留很久。

外界有2年时间没收到有关利文斯通的消息了，人们都以为他去世了，直到1871年11月，他忽然被亨利·M.斯坦利找到。斯坦利是《纽约报》专门派到非洲探听他下落的人。斯坦利诚恳地劝他回去，可他就是不肯。废除黑奴贸易是利文斯通此次探险的目的，他希望探险工作结束后这种贸易就能结束。4个月后斯坦利回到了英国，他把利文斯通的日记和其他重要文件也带了回来。

利文斯通探察了一条河流，他以为那是尼罗河，其实是卢阿拉巴河。他要忍受各种疾病和困苦，时时刻刻记挂着那些充当奴隶的原住民。他在日记里说："只要我能够废除这种残酷的贸易，我可以忘却一切困苦。"

后来他病得很厉害，不得不请人用草床把他抬过一个被雨水淹没的乡村。他已经没有力气再往前走了，于是就在一个原住民的茅屋里休息。1873年5月1

◇**威斯敏斯特教堂**

威斯敏斯特教堂坐落于伦敦泰晤士河北岸，原是一座天主教本笃会隐修院，始建于960年，1045年进行扩建，1065年完成，1220年至1517年重建，建成后举行过国王加冕、大婚、国葬等重要仪式。

日清晨，利文斯通永远离开了这个世界。被仆人发现时，他仍然跪在床边，像在那里祷告似的。

仆人把利文斯通的心脏埋在半规俄洛湖，这个湖泊是他生前发现的。然后，忠实的仆人又把他的遗体搬到海岸边。人们将他的遗体运回后埋在了威斯敏斯特教堂。利文斯通为非洲牺牲了生命。

在利文斯通的墓碑上刻着如下这段话，是从他于1872年写给《纽约报》的信里摘引出来的："在这种凄凉的状况下，我只能说：上天能不能赐福那些愿意铲除这种恶行的人——美国人、英国人和土耳其人？"

利文斯通虽然错把刚果河当作尼罗河的发源地，但在其30年的探险中还是发现了很多重要的地理知识。他是一位伟大的探险家。

在斯派克以前的两千年里，地理学家对尼罗河的发源地有许多奇怪的观点。斯派克发现了尼罗河的真正发源地。不过，过了很长时间人们才相信他的发现是正确的。

第三章
斯派克与尼罗河发源地

约翰·班尼·斯派克加入印度军队时只有17岁。不久他就享有盛名，不仅因为他是一名优秀的军人，还因为他是自然学家、探险家。他休假时会到喜马拉雅山旅行，对地图的绘制有重要的贡献。他很喜欢探险，喜欢搜采野兽的标本。他很想去赤道附近的非洲中部探险。

他先后共去了非洲3次，第一次是在1854年10月。这次他是伯顿中尉的随员，伯顿是受政府所派去索马里北部探险的。

他们一共走了6个月，途中经历了很多困难。在柏柏尔附近，他们遭到奈玛利的土匪的攻击，斯派克身负重伤。当他倒下后，12个原住民把他捉去囚住。他的双手被捆绑着，遭受了极为残酷的刑罚，所幸的是他还是安然逃脱了。

1857年6月，伯顿与斯派克等人又从桑给巴尔动身，此次是他们第二次出发，目的是考察中非的东部到底有没有大湖，并考察那些湖泊是不是尼罗河的发源地。他们走了几个月，精神极大地振奋起来，因为那里的阿拉伯人告诉他们：如果他们继续前进，必定可以找到3个大湖。

他们最后走到了坦噶尼喀湖，只用了很短的时间就将它探察了一番。那些帮助他们的当地人仅仅在天气暖和的时候才穿上羊皮做的衣服，斯派克说："这真是一种奇怪的现象，下大雨时当地人都把皮衣脱下并叠好，放到行李

◇尼罗河

尼罗河是一条流经非洲东部和北部的河流，自南向北注入地中海。其与中非地区的刚果河以及西非地区的尼日河并称非洲三大河流系统。尼罗河长约6 670千米，是世界上最长的河流。

里。可是他们一脱下皮衣就冷得打颤，就像刚从冷水里爬出来一样。"

斯派克那时已经深信这个湖泊并不是尼罗河的发源地，他等伯顿回到海岸后独自向北方的一个更大的湖走去，当地人称这个大湖为乌刻勒威湖，他们说："乌刻勒威湖湖面太宽了，没有人看见过湖对岸的样子；湖面太长了，没有人知道它究竟有多长。"1858 年 8 月 3 日，斯派克到达湖岸，成为第一个欣赏该湖景色的白种人。他根据女王的名字，将这个大湖命名为维多利亚湖。

多次探险的经历使斯派克更加相信维多利亚湖是尼罗河的发源地，他随后到卡泽加入伯顿的队伍，可是伯顿不相信他的新发现。回到英国后，他写了一篇旅行报告，发表了对维多利亚湖的意见。很多人支持他的意见。

那时的皇家地理学会很欢迎他所做的这种工作，请他再次回到非洲去完成探险工作，同时还要让他证明维多利亚湖是尼罗河的发源地。1860年10月，斯派克离开桑给巴尔，同行的除了他的朋友柯兰特船长外，还有200人。

1861年 1 月，他们到达卡泽。途中因为疾病、同行者的离弃、原住民的攻击等，耽搁了很久，从卡泽到维多利亚湖差不多用了 1 年的时间。有一次，斯派克听见队伍中的几个人离间伙伴和他的关系，其中有人说："这次旅行是不可能的事。"斯派克大声质问道："什么是不可能的事？我难道不能到前面那个旅行队中以一个仆人的身份和他们同行吗？只要我愿意，我自己难道不能组织一个旅行队吗？你们不要再恐吓我的伙伴，这种行为几乎要把我们害死了。"

在勇气的激励下，斯派克来到维多利亚湖的西南角，进而来到乌干达的都城，在那里他被乌干达国王迪沙阻隔了很久。他在这段被耽搁的时间里听说了很多关于乌干达的奇异故事。这里从前是乌谑诺国王的地盘，人民都是奴隶，主要工作是替国王将衣服和食物运到很远的都

城去。人民对这种工作产生了厌倦心理，恰巧有一个猎人从乌谑诺来到这里，此人的名字叫乌干达。这些奴隶都欢迎他并让他当国王，奴隶们对他说："我们送给乌谑诺王的礼物有什么用处呢？他住得那么远，如果我们带一头母牛给他送去，母牛在路上生了一头小牛，小牛长成母牛后又生了一头小牛……这么费事，估计最终我们的牛还是没有被送到国王那里。"这个新成立的国家就借用第一任国王的名字，取名为乌干达。"

迪沙王总是许诺要派军队护送斯派克一行人到维多利亚湖去，却迟迟不见行动。斯派克担心这种耽搁是没有期限的，认为不能这样耽搁下去了。斯派克大胆地要求国王立即派出军队护送，最终才得以成行。

他们从迪沙王的都城出发，走了3个星期才来到尼罗河。斯派克说："最后我到达了尼罗河岸。

◇乌干达的食蜂鸟
乌干达境内一大群食蜂鸟悠闲地落在土墙上的洞穴旁。乌干达位于非洲东部，横跨赤道，东邻肯尼亚，南接坦桑尼亚和卢旺达，西接刚果（金），北连南苏丹，总面积24.15万平方千米。全境大部分处于东非高原，多湖泊，有"高原水乡"之称。乌干达曾被前首相丘吉尔称为"非洲明珠"。

◇**尼罗河岸的女人**

　　古埃及人的日常生活：身着传统服饰的女人头顶食物篮，站在金字塔前，背景是尼罗河。

任何东西都比不上这里的美景！这真是天下第一的完美景象：河面有六七百码①宽，中间有无数小岛和悬崖，小岛上到处可见渔家的茅屋，悬崖上吊着很多船尾，船尾上站着很多鸟儿；河的两岸是美丽的草堤，草堤上生长着高大的树木，堤面上有正在觅食的羚羊和母鹿；河里有很多水兽，不时在我们脚边跳跃。"

　　1862年7月28日，他们在尼罗河岸上走了几个星期后见到了烈本瀑布。这是尼罗河和维多利亚湖分界的地方，他们找了很久才找到它。这个瀑布有12英尺高、500英尺宽。斯派克在这里凝视良久：他看见成千上万的鱼用尽全力在瀑布中跳跃，华奈加族与华干达族的渔民们有些乘船在湖中打鱼，有些用钩绳把船吊在岩石上，鳄鱼等水兽在水中慵懒地躺着，渡船正在瀑布上面航行，渔民们的家畜在湖边饮水。

────────────

① 1码=3英尺=0.9144米。

他们的下一步计划是雇用5艘船到尼罗河下游去，每艘船上有5个船板，5艘船连在一起。人们用布塞住船体破裂的地方。这5艘船航行到卡鲁马瀑布时被拦了下来。一位国王很想得到斯派克带的货品和礼物，这

让他们耽搁了很长时间。之后斯派克回到了非洲内陆，最后在埃及边界的冈多科罗遇见了塞缪尔·怀特·贝克爵士一行人。贝克经过斯派克的指导，发现了一个大湖，将它命名为亚伯特湖。

斯派克回国以后，在皇家地理学会的会议上宣读了自己的《探险报告书》，并且出版了一本游记。曾和斯派克一同探险的伯顿先生说尼罗河的发源地不是维多利亚湖，而是坦噶尼喀湖。他们两个已准备好进行一场辩论，但是指定日期的前一天，斯派克在打猎时不幸身亡。后来，探险家们终于证明了斯派克的观点是正确的。

◇ 坦噶尼喀湖中的弗罗非鱼

弗罗非鱼属慈鲷科，是东非坦噶尼喀湖中特有的鱼种。坦噶尼喀湖是非洲中部的一个淡水湖，位于东非大裂谷区的西部裂谷部分，属于断层湖。

第四章
贝克与亚伯特湖

　　贝克爵士少年时非常努力，只要是冒险的事他都要尝试一番。他在锡兰岛的生活和在东方的旅行经历为他后来在非洲的探险做了充分的准备。他第一次到非洲去时目的有两个：加入斯派克的探险队，那时他还从未到过非洲内陆；探寻尼罗河的发源地。他当时并没有宣布自己去非洲的第二个目的，因为之前很多探险家费尽全力都没有找到这条大河的发源地。他立志完成这项工作，就算死在工作上也甘心。

　　贝克夫人坚持要和丈夫同去，她将一切所能想到的艰难困苦置之度外。1861年4月15日，他们从开罗出发，打算到尼罗河上游的喀土穆，沿途他们顺便探察了尼罗河的几条支流。他们从喀土穆出发后到了尼罗河最大的支流白尼罗河，随后继续航行了很长时间，最后到达冈多科罗。这座城市是很多象牙商人常去的地方，也是残酷的黑奴商人的聚会之所，他们都需经由此地到达非洲内陆。

　　因为雇来的原住民不遵从贝克的命令，贝克夫妇迟迟不能前行。这时，斯派克和他的伙伴柯兰特已经赶到这里。他们是从维多利亚湖回来的，打算去亚历山大港。他们很热心地告诉贝克夫妇，说他们已经发现了尼罗河的发源地。贝克夫妇听到这一消息后认为目的已经达到，就没有必要再去那里了。但是斯派克劝他们不要放弃原来的计划。他说他和柯兰特虽然到达了维多利亚湖，但是听说该湖西面还有一个湖泊。他提议贝克夫妇到西面去看看该湖是不是尼罗河另外一个发源地。曾经有人对斯派克说，尼罗河从维多利亚湖往西就进入了这个无人知晓的湖的北部，这就是尼罗河的发源地。在斯派克动身前往亚历山大城去之前，又和柯兰特一起替贝克画了一张尼罗河区域的简略地图，并将一切能够帮助贝克的事件都写下来交给贝克。

　　贝克手下有15个原住民打算杀害他们夫妇。这场阴谋被一个名叫萨特的12岁小孩发现了，萨特是贝克夫妇在喀土穆收养的继子。尽管被这场未遂的阴谋耽搁了很久，贝克夫妇最终还是开始了旅行，第一次到了维多利亚湖，从那里又往西去探寻斯派克告诉他们的那个无人知晓的湖。当然，他们这次旅行在沿途也遇到了很多困难。原住民表现得极不友好，因为惨无人道的奴隶贸易，原住民不愿意白种人到来。此外，一些神经敏感的商人把探险家当成外国政府派来的间谍。

　　当时已经到了雨季，贝克夫妇的马匹和骆驼因水土不服一个接一个地死去了。在他们离开冈多科罗的5个月后，原有的21头驴只剩下8头了。几个星期后他们只剩下1头驴了，驴的状况很是可怜。贝克买了3头牛，把它们训练好后代

◇埃及亚历山大城堡

埃及亚历山大城的城堡。亚历山大城是希腊时代托勒密王国的都城，位于埃及地中海沿岸，公元前332年由亚历山大大帝所建，公元640年后归属阿拉伯帝国。

替那些已死的牲畜工作。可是其中有 1 头牛逃走了，还有 1 头性情暴躁，无论谁都驾驭不了它。

最后，这个小旅行队来到了尼罗河从维多利亚湖中止北流、折转向西的地方，这里就是他们要探寻的湖泊直流的转向处。他们预先通知该处的国王克谟勒斯，说斯派克的兄弟已经带了礼物到达了。克谟勒斯对之前斯派克送给他的礼物不满意，这次要让贝克送更多的东西才放他过去。克谟勒斯甚至还要求贝克夫人做他的妻子，贝克坚决拒绝了这种无理要求。克谟勒斯说："你不要生气！我跟你要妻子，本意并不是要侮辱你。如果你想要妻子，我可以送给你一个，我以为你会愿意把妻子送给我。我向来有这种习惯，凡是来这里游历的人，我总要送给他们美丽的妻子。你不要把小事弄大。如果你不愿意，我们就再也不谈这个问题了。"

凡是到那个湖边去的人，必须从克孚河上的桥经过。这座桥是用草编成的，如果行人快速走过桥面，只要留心一点，水一定不会浸过脚踝。贝克此时绝对不能带夫人一起走，若是两个人并肩走，必然会沉下去，所以她只能在后面跟着走。她刚走一半，就跌到了水里，并且还中了暑，人们费了很大力气才把她救出来。贝克夫人已经病重很长时间了，觉得自己命不久矣。人们用一张床抬着她走。但是后来，贝克夫人的病奇迹般地好了。

1864 年 3 月 14 日，他们到达目的地。贝克说："天明时，天空的景致十分美丽。我们经过山中的村落，来到对面的山坡。我跑上山去，发现了我们的战利品！前面躺着一片水银似的海面，南方与西南方各有一处望不到边际的水面，在离山坡五六十英里的地方有一座碧绿的高山，海拔约 7 000 英尺。我给这片水域取名为亚伯特湖。维多利亚湖与亚伯特湖是尼罗河的两个发源地。"

贝克夫妇将此处细细探察了一番。在离亚伯特湖 20 英里的地方有一个高 20 英尺的瀑布，尼罗河经由这个瀑布流入亚伯特湖。贝克称这个瀑布为卡巴雷加瀑布（旧称默奇森瀑布）。他要做一次周密的观察——乘着树皮船驶到离瀑布只有 300 码的地方。他在这里遇到了很大的危险，因为他开枪射杀岸上的鳄鱼，枪声将划桨的人吓坏了，把手中的桨抛到了水里。船被急流冲到一个芦苇丛中，那里卧着一头很大的水牛。水牛对着小船乱顶，直到把船顶的一半离开水面才走开。这时贝克才能平安前进，他为瀑布画了一张草图。他从这里朝尼

◇树皮船

3艘树皮船停泊在海湾。在天空的衬托下，远处可见一座灯塔。直到20世纪早期，澳大利亚的原著居民还乘坐树皮船出行。树皮船是制作简单但非常实用的运输工具。要想制造树皮船，当地造船工们要从树上切下大块的树皮条，再将船体尾部的树皮条用黏土封在一起。考古学家认为，澳大利亚原住民在数千年前便开始使用这种技术。

罗河方向前行，几乎到了克洛马瀑布。

贝克还想从亚伯特湖尼罗河转向北流的地方一直往前行驶，可是因为种种原因未能成功，他经历很多危险才辗转由陆路来到冈多科罗。在冈多科罗，贝克一行人乘船来到喀土穆，经由红海回到英国。1865年10月，贝克回到了故乡。

贝克说："我真是从尼罗河的发源地回来的。这不是梦！我面前坐着一个证人，这人依然一副年轻的面容，好像是一个晒过多年日光的阿拉伯人。这人受过疾病和困苦的侵害，幸而这些麻烦都已经过去了。她是我旅行中的伴侣，成就我生命与工作的人——我的爱妻。"

当贝克在非洲动身前往亚伯特湖的时候，有一个原住民问他："假如能到达亚伯特湖，你到底打算做什么呢？那样做对你又有什么好处呢？如果你发现

◇红海到亚喀巴湾岩石海岸全景

　　红海是非洲东北部和阿拉伯半岛之间的狭长海域。大约2 000万年前阿拉伯半岛与非洲分开，诞生了红海。目前红海仍在不断加宽，将来很可能成为新的大洋。

尼罗河发源于这个大湖，你又将怎样做呢？"当心生失望的时候，贝克夫妇就会思考这些问题。当他们听说成功的喜讯还未传回英国时，皇家地理学会就已经将维多利亚金牌送给了贝克，当国内人士发布赞美他们成功的言论时，他们觉得自己的坚忍耐劳的精神已经得到回报了。后来，维多利亚女王封贝克为爵士。从此，贝克获得了爵位。

非洲原住民称这个找到利文斯通和开辟刚果河区域的人为布拉马特利，意思是破石者、万能者。

第五章
斯坦利——非洲道路的发现者

帕特里克·亨利·莫顿·斯坦利，原名约翰·罗兰德，从小就生活在英国的贫民窟。他离开脏乱的居所后不久来到一艘轮船上当茶房，到新奥尔良去了。在新奥尔良，他遇到一个名叫斯坦利的商人，被其收为继子后改名。当时谁也想不到，斯坦利这个名字会享有盛名。

美国南北战争爆发后，斯坦利在海军和陆军部队服役过。那时他对新闻报纸已经发生兴趣并常常投稿。战后，他开始了在美国的旅行，其后又来到小亚细亚当记者。他和朋友们在小亚细亚遇到了强盗，所有的东西被抢劫一空，并被捆了起来。最后，盗贼还是把他们放走了，土耳其政府给了他们一笔抚恤金，以赔偿他们的损失。

回到美国后，斯坦利就给各种新闻机构投稿，《纽约报》也是其中之一。1868年，《纽约报》派他前往阿比西尼亚。

1869年，《纽约报》派斯坦利到非洲去寻找利文斯通。当时全世界都很关心这位伟大的探险家，有人说他已经被当地居民杀死了，《纽约报》让斯坦利去探听真实的消息。

斯坦利于1871年1月6日到达桑给巴尔，出现在他面前的正是非洲大陆。斯坦利不清楚利文斯通大概在什么地方，因为利文斯通的最后一封信是在两年前寄出的。斯坦利不得不尽力去寻找，因为报社负责人让他无论如何都要打探到利文斯通的下落。负责人对他说："你只管这样尽力去找吧，不要考虑花多少钱，现在先拿1 000金镑，等你用完后再拿1 000金镑，用完后再拿1 000金镑……不管花多少钱，你只管去找他就行了。"

斯坦利到达桑给巴尔后组织了自己的旅行队——由3个白人、31个武装原住民、153个运夫、27头牲畜组成。他知道此次旅行不仅路途遥远，而且十分艰难，但是沿途所遇的艰难困苦还是大大出乎他的意料。他经过"繁茂的森林，污臭的池沼，苍蝇成群的草地"，"驮载货物的牲畜、乘用的马匹都死去了，运夫也逃跑了，同行的伙伴也因为得了最痛苦的疾病死去好多"。他大约走了8个月的路程，才听说乌吉吉有一个白人，他立刻赶过去，终于找到了要找的人。

那时，利文斯通因诸事不顺正深陷极大的困苦中。他见到斯坦利后精神振奋了起来，和斯坦利到坦噶尼喀湖北岸旅行去了。

1872年，斯坦利旅行完后回到英国和美国。1874年，伦敦与纽约的报馆又派他到非洲去。斯坦利此次工作是尽可能填满地图上非洲西部的空白。还有一件事，他必须研究明白利文斯通所说的卢阿拉巴河究竟是不是刚果河。1873年利文斯通去世时以为卢阿拉巴河是尼罗河的一部分，后来斯坦利证明它实际上是刚果河的一部分。

1874年11月11日，斯坦利带领队伍从桑给巴尔出发了。旅行队共有300人，所带的行李和货物等共1.8万磅（1磅≈0.45千克），这些东西包括珠宝、铁丝、粮草、药品、铺盖、衣服、布匹、帐篷、军火、船只、船舵、船橹、坐板、纸笔、相机、胶片等。

他们刚动身就遇到了困难——主要是同行者的离弃及货物的损失。这个勇敢的探险家还是一直往前行进。斯坦利记载道："没有地图指引方向，伙伴中没有一个人来过这个地方。我雇的向导对我不忠。在我出发到一个陌生地方之前，至少要预备3天的粮食。可是到了那里，3天已经过去了，我们面前只有宽阔而宁静的草地。我们曾经依靠指南针向西北方向走，背着沉重的行李盲目前进，多么希望能看见野兽的影子或是农村，可是第四天过去了，我们的粮食没有剩余了……第六天、第七天、第八天都是以这样的状态过去了。希望着，我们仍然希望着！第八天，同行者中已经有5个人饿死了。第九天，我们来到一个小村庄，但是用钱买不到粮食。我们听村民们说，再往西北方向走一天

就可以到达一个较大的乡村。于是我派了40个
强壮的人拿些布匹与珠宝前往那个村子采购粮
食。他们忍饥挨饿，于当夜走到那里。第二天
这些强壮的伙伴带回来800磅小麦。同时留在原
地的人外出打猎，找到一具大象的腐尸，这是
从两头小狮子的嘴里夺来的。我们已经无法忍
受饥饿了，只好用一个空铁箱，里面放上大半
箱的水、10磅面粉、4磅豆粉、半磷食盐等，
煮了满满一箱的粥。1小时内，无论男女，每
人都吃了一碗粥。我们得救了，但这次进食对
我们的存粮来说是一次很大的消耗，因为我们
仅仅走了1/20的路程。"

斯坦利离开海岸后共走了140天才来到维多
利亚湖。计划走的7 000英里的路程才走了720英
里，但他的实力已经耗损1/4。运夫的人手急剧
减少，光是因与当地人冲突就折损了26人。不过

◇非洲白犀牛

南非濒临灭绝的白犀牛。白犀牛又叫方吻犀、宽吻犀等，体大威武，形态奇特，是现存体形第二大的犀牛，是仅次于非洲象、亚洲象、非洲森林象和印度犀的现存第五大陆生动物。

他还是将船带在身边，派30个人担着同行。

不少探险者对维多利亚湖的实际面积产生过怀疑，斯坦利证实这个大湖的面积几乎相当于美国南卡罗来纳州。后来他又确定了坦噶尼喀湖的真正面积。

斯坦利在非洲内部发现了特鲁湖，但是此次探险最重要的工作是考察刚果河，而非发现特鲁湖。1877年8月，他来到了大西洋海岸处的刚果河的入海口。一同探险的 3 个白人相继去世了，斯坦利没有绝望，继续坚持着。

当听说刚果河是非洲中部的一条大河时，比利时国王利奥波德二世派遣斯坦利回到非洲。斯坦利这次的成就之一是组建了刚果自由邦。在第三次回到非洲的 5 年里，他在刚果河的瀑布区域修了一条大路，将 4 艘轮船运到刚果河。因为这项工程，原住民称他为布拉·马塔里，即破石者、万能者。1887年，斯坦利最后一次到非洲探险。这次在非洲他救了埃及政府的赤道省省长艾敏·帕夏的性命，那时帕夏正被马赫迪起义军围攻。斯坦利到了帕夏那里，帕夏声势大振，不过斯坦利所带的646人中也损失了400人。他后来又发现了鲁汶佐里山脉，沿着塞姆立基河发现了艾伯特湖是尼罗河的第三个发源地。

回到英国后，斯坦利收获了各种荣誉，尤以爵士爵位为最。他写的各种游记都很著名，其中有几本还被翻译成了外文出版。

第四编
南美洲中心的探险家

Real Stories of the Geography

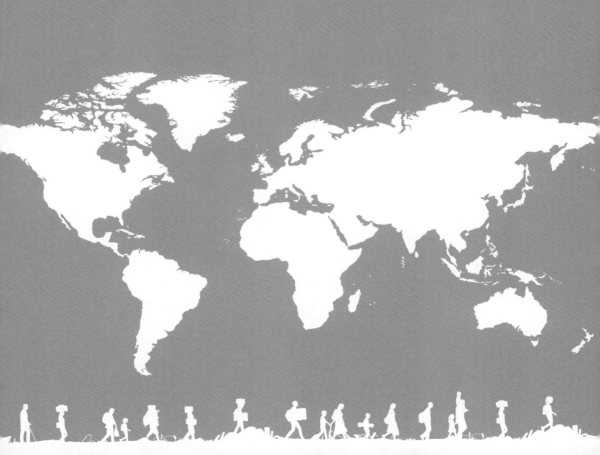

章首语

在哥伦布出生之前很长时间，印加王族就已经将秘鲁治理得很好了，关于这种文化的开端我们一无所知。但是对于征服秘鲁的白种人的凶狠、残忍，历史上还是有详细记载的。

第一章
皮泽洛征服秘鲁

当哥伦布第一次出发探险时，有一个名叫弗朗西斯科·皮泽洛的21岁青年正在西班牙看守猪群。这个青年人后来跑到新大陆四处旅行。自从哥伦布和其他初期探险家回来以后，欧洲人听到了很多新奇的故事，人们纷纷对探险产生了兴趣，更有人想去一探究竟。

皮泽洛第一次航海始于何时无人知晓，但是1510年，他跟着阿伦佐·德·奥杰达到达圣多明各。那时奥杰达司令奉命到达里安峡去占领一个印

◇印第安人

印第安人是对除因纽特人（爱斯基摩人）外所有美洲土著的统称，并非单指某一个民族。16世纪，到美洲的欧洲殖民者大量奴役、屠杀印第安人。

第安人地区，并充当那里的长官。取得这次胜利是很艰难的，因为印第安人用的武器是一种有毒的弓弩，奥杰达的军士有很多都被弓弩射死了。

当奥杰达回到圣多明各召集军队的时候，皮泽洛在前线代理他的职务，统领军士。奥杰达死在了路上，皮泽洛当上了这个军队的司令官。

他本想立刻回到圣多明各，可是又不现实，因为奥杰达留下的船只太少了，装不下所有人。皮泽洛决定在那里驻扎，希望通过粮食的缺乏和敌人的毒箭来减少军队的人数。过了6个月，人数果然减少了，他乘着奥杰达留下的船只驶回圣多明各。

他和军队还没有走多远就遇见了政府派来救援的船只。

援军的司令恩西索命令皮泽洛回到达里安峡去。他虽然很不情愿，可又不得不照办，因为恩西索是他的上司。

恩西索的船队中有一个人名叫瓦斯科德·巴尔博亚，他为了躲债，藏在了船上的一个木桶里。军队能与巴尔博亚同行是极大的幸运，因为军队到达达里安峡不久就遇到了饥荒，幸亏巴尔博亚把他们带到一个内陆的印第安人乡村。他们在那里打了一场胜仗，占领了整个乡村，将其改为安提瓜殖民地。

不久，巴尔博亚推翻了恩西索的统治，皮泽洛是他的同谋。取得统治权后，他们两个人一同到内陆去寻找金矿。1513年9月25日，巴尔博亚发现了太

◇**太平洋灰鲸**

太平洋加利福尼亚附近的墨西哥灰鲸。

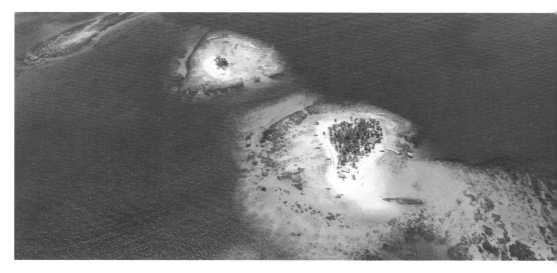

巴拿马共和国简称巴拿马，原是印第安人居住地，1501年沦为西班牙殖民地，1821年独立并加入大哥伦比亚共和国，1903年在美国的支持下"第二次独立"。巴拿马位于中美洲地峡，面积7.55万平方千米，接近赤道，属热带海洋性气候。

平洋。

皮泽洛对这些探险工作并不满意。原住民的酋长曾对他说："南方还有一个物产极为丰富的国家，位于大洋沿岸，那里的居民拥有很多黄金，住着高大的房屋。"皮泽洛对那个国家垂涎三尺。

太平洋海岸的巴拿马沦为殖民地后不久，皮泽洛就得到一个到秘鲁——即南方那个国家——去的机会。巴尔博亚此时已经被从西班牙派来的新任司令杀死了，迭戈·德·阿尔马格罗被允许和他同去，巴拿马教士埃尔南多·德·卢克为他们负担了一切开销。巴拿马的地方长官虽然允许皮泽洛到秘鲁去，但同时提出一个要求，让皮泽洛必须将他盈利的1/4送给他。这个长官和其他白人一样见钱眼开，只要能得到黄金，便不惜以最残酷的手段对待那些可怜的印第安人。

1524年11月14日，皮泽洛带领100个人乘2艘小船从巴拿马动身。因路上困难重重，他们又返回了巴拿马。皮泽洛并没有找到秘鲁，不过他在沿海做短途探险时获得了很多黄金。这样一来，他更加急切地要征服秘鲁，因为他听说秘鲁是一个富有金矿的地方。

皮泽洛第二次出发探险时，同行者在路上饱受饥渴。他们当中的很多人都想从加罗岛回到巴拿马，当时皮泽洛在这座岛上停留了几天。皮泽洛知道如果没有这些同行人他会方便得多，所以他想出一个好办法来解决这个问题。皮泽洛用他的剑在沙地上从东到西画了一条线，面朝南对众人说："朋友们，伙伴们！这条线的那边只有困苦、饥饿、狂风暴雨、离弃与死尸，线这边是安逸与快乐。秘鲁有的是金银，巴拿马这里只有贫苦。你们每个人都勇敢地选择道路吧！我自己是要到南方去的。"

有13个人愿意同皮泽洛一起到南方去。那些不愿意与他同行的人回巴拿马去了。皮泽洛和伙伴们一直等到卢克和阿尔马格罗送来粮食、军火和军士后才出发。等他们的势力恢复以后，他们就乘船来到了瓜亚基尔。在这里他们可以

◇**秘鲁彩虹山**

秘鲁库斯科地区比尼库卡的蒙大拿德西特·科洛雷斯，也叫彩虹山。彩虹山是由于板块运动、造山运动、火山运动、风化作用等共同作用形成的，是秘鲁的独特景观。

望见第安斯山几个最高的山峰——钦博拉索和科托帕希也在其中。在通贝斯，他们望见大量的黄金和美丽的房屋，因此占领秘鲁的企图更加强烈了。通贝斯是一个位于赤道以南的地方，离赤道只有9°。那里的人都说南方那个美丽都城就建在群山中。

1528年，皮泽洛回到西班牙，请求国王允许他前去攻打秘鲁。历史学家普雷斯科特说："皮泽洛回西班牙时带了几个原住民、两三头羊驼及各种美丽的布匹，还有许多金银装饰品，以此代表秘鲁的文化，并为他的奇遇作证。"

他得到了国王的许可，不过国王并没有为他提供费用。1531年1月，皮泽洛第三次从巴拿马出发，此次出行他共带了3艘海船和180个水手。1531年11月15日，这些残酷的侵略者到达卡哈马卡。秘鲁官员阿塔瓦尔帕很友好地接待了他们。

◇**智利的大理石洞穴**

智利巴塔哥尼亚的大理石洞穴。智利共和国位于南美洲西南部、安第斯山脉西麓，是世界上地形最狭长的国家。智利是世界上铜矿资源最丰富的国家，享有"铜矿王国"的美誉。此外，它还是世界上唯一生产硝石的国家。智利人常称自己的国家为"天涯之国"。

皮泽洛一伙毫不手软地将他抓住，对他说，如果能给他们一间房子的黄金，他还是可以恢复自由的。阿塔瓦尔帕被迫送给他们很多黄金，但还是被残忍地杀害了。

皮泽洛来到了库斯科城——当时的秘鲁首都。他们强迫秘鲁国王曼科臣服于西班牙。皮泽洛控制了整个秘鲁，对那里的人民毫无怜悯之心。1535年，他把利马修竣，作为秘鲁的新首都。

皮泽洛立刻就遇到了很多困难。曼科开始反叛，阿尔马格罗也在反对他。1538年，皮泽洛战胜阿尔马格罗并将其处死，但是在1541年，皮泽洛被几个手下人杀害。

◎**章首语**

　　冯·洪堡与邦普兰到南美洲考察时，与虎豹、鳄鱼、猿猴、火山、大河"同居"了三年，他们的成功完全在意料之外。

第二章
冯·洪堡与亚马孙区域

　　德国探险家亚历山大·冯·洪堡儿时的教师中，有一个曾与库克进行过第二次环球旅行，还有一个翻译过《鲁滨逊漂流记》。因为这两人的关系，冯·洪堡对游历非常感兴趣，他决定长大后亲自到全球各地旅行，回来时将所见所闻告诉别人。

　　冯·洪堡酷爱植物学和地质学，如同酷爱地理学一样。他时常生病，但没有因此而放弃学业，不久他认识了法国植物学家艾梅·邦普兰，其嗜好与冯·洪堡几乎完全相同。两人决定一同到南美洲游历。

　　1799年6月5日，他们从西班牙的科伦纳出发前往南美洲。他们在委内瑞拉的库玛纳上岸以后，来到加拉加斯。他们的目的是考察奥里诺柯河，确定它的主要支流是否和亚马孙河的主要支流相连通。

　　1800年2月7日，他们开始骑着骡子前往内陆探察奥里诺柯河。在路上他们看见一棵巨树，粗9英尺、高60英尺，其枝叶散开就像一把很大的伞，树冠长近600英尺。16世纪时的探险家中曾有几个人看见过这棵巨树。

　　因为白天天气炎热，他们大半在夜间旅行。有一次他们后面跟着1只老虎，这只老虎已经被猎人追了3年。他们一行人向前走了一段路，来到特林奇拉热泉，把生鸡蛋放入泉水中，只需3分钟蛋就煮熟了。

　　1800年3月初，他们来到一个地方，这里每天清晨的第一个声音就是猿猴

◇**亚马孙热带雨林**

亚马孙河流域内热带雨林中的松鼠猴。亚马孙河位于南美洲北部，是世界上流量、流域最大、支流最多的河。大约相当于7条长江的流量，支流的数超过1.5万条，流域面积相当于澳大利亚的面积。

的叫声。"他们来到一片森林前，看见一群猿猴在树林中鱼贯而行。前面是一只雄猴，后面跟着很多雌猴，其中很多猴子都驮着它们的子女。"

他们走到热带无树木的大草原——一个开阔的平原地带。这里气压很高，呼吸没有特别异样的感觉，可是风却卷起很大的沙尘。沙土的温度比空气的温度还要高，气候更加炎热了。想要在白天找一个避开阳光的地方是绝对不可能的，气温在晚间也不降低。路上遇到的几个原住民无法为他们提供凉水。虽然离地面10英尺的地下就可能有地下水，这些原住民却不愿意掘井。

他们在热带大草原中的喀拉波索发现了一个会制造电机的人。他们感到很惊讶，这个人除了看过几本电学方面的书籍外并不具备别的电学知识，除原住民外，冯·洪堡和邦普兰是第一次看见他所做的电气实验的人。他试用冯·洪堡带来的电机的时候内心十分欢喜，因为这些电机与他自己制造的电机大致相同。

在喀拉波索，这两个探险家很想在附近的泥水中捉几条电鳗。原住民起初不敢帮他们，直到最后才答应用马来帮他们捉电鳗。

他们找到30匹野马。人们将这些牲口赶到水里，它们在水里乱踏一顿后，有许多5英尺长的黄色兼黑色的鳗鱼跳出了泥水。它们在水面游弋，齐聚在野马的肚子下。原住民手中拿着鱼叉和长竿，紧紧地围着池子，还有几个原住民爬到了树上。他们用一种奇怪的呼声，借助手中的长竿把马匹慢慢赶到池边。

电鳗受惊后放电。有几匹马被水淹死了，有些马逃到岸上，躺在沙土上，它们被电晕了。等到那些鳗鱼没有力气挣扎了，原住民就用鱼叉上的长绳把它们捉上岸来。

◇电鳗

电鳗，分布于南美洲亚马孙流域的圭亚那地区，多在浅水的池沼或水体较混浊的岸边活动，体形很大，是原产地著名的食用鱼。电鳗能产生将人击昏的电流，是放电能力最强的淡水鱼类，输出的电压可达300~800伏，因此具有水中高压线之称。电鳗被美国《国家地理》杂志网站列为"地球上最令人恐惧的淡水动物"之一。

这些探险家从喀拉波索来到奥利诺柯，其中有一部分路程是乘坐树皮小船沿着阿普利河岸边走的，船上有 4 个原住民和 1 个舵工。在沿途人们每天可以看见老虎、鳄鱼和野貘。有一天晚上，当地人刚要把吊床挂在一棵树上，就看见树后有 2 只老虎。那天晚上他们只好把牛皮铺在地上当床铺。

他们到达奥利诺柯河后才知这条河好像一汪大湖，能泛起几英尺高的白浪。水退时湖面面积约6 000平方英尺，雨季时湖面宽至 6 英里有余。

这次他们乘坐的树皮船很奇怪。船身特别小，人们用树枝在船尾做了一个简易的格窗，这个格窗两边都伸到船沿以外。用树叶做成的窗顶必须特别低矮，因为河里有大风，而且在小船经过急流的时候要靠人抬过去。

"船顶只能勉强遮盖 4 个人的身体，4 个人都睡在木头做成的船板上，他们的脚要伸到离船顶遮盖地很远的地方。每到下雨时，下半身就会受雨淋。他们的床铺就是一张牛皮或虎皮，铺在树枝上，由于被褥特别薄，睡觉时身体特别痛苦。船桨约 3 尺长，就像汤匙一样。摇桨的原住民赤条条的，两两坐着，边唱歌边一下下地摇着船桨……旅客们带了许多小笼，里面关着与日俱增的小鸟和猴子。这些小笼子有的挂在船顶上，有的挂在桨上。"

一到晚上，牲畜都会聚在他们的中间。四周都是探险家的吊床，后面围着原住民的吊床，他们四周点着篝火，防止野兽侵害。

他们跋山涉水，经过很多森林，只要到了内格罗河并且渡过这条河就能到达巴西。23个原住民抬着小船走了4天才到达内格罗河。1800年5月8日，他们从内格罗河出发，向巴西前进。这是他们第一次尝试经奥里诺柯河直达亚马孙河的支流。

不久他们到达连通奥里诺柯河和内格罗河的克斯克尔河，1800年5月21日又回到了奥里诺柯河。1800年6月13日，这些探险家历经艰险到达昂哥斯都拉，即现在的玻利瓦尔城。在75天的时间里，他们一共在野外走了1 725英里。

冯·洪堡与邦普兰在途中得了严重的热症，因为病后体力不支就回到了库玛纳，又从库玛纳回到了古巴岛。到达古巴岛后，他们本来打算回到欧洲去，但是随即改变了计划，来到秘鲁。1801年5月，他们从哥伦比亚的卡塔赫纳出发了。他们又在马格达莱纳河探察了35天，其后才骑着骡子来到波哥大。后来他们步行翻过科迪勒拉山，后面跟着12头载着行李的牲畜。

1802年1月初，他们来到厄瓜多尔的基多，在此地停留了几天，将城外的

◇内格罗河

内格罗河意为黑河，是亚马孙北岸最大的一条支流。

山脉和火山探察了一遍，威严的琛布拉索与哥多伯西也在其中。在琛布拉索山，他们登上了19 000英尺高的高地。

他们去亚马孙河的时候，沿途曾经过一个山脊，几乎与勃朗峰一样高。有时他们也会经过秘鲁的旧道，早在他们之前的几百年，秘鲁文化就已经很发达了。

1803年春天，冯·洪堡到达秘鲁首都利马。这段行程他们花费的时间超过了预定时间几个月，但是当他们动身返程时，仍然觉得十分满意，因为他们已经完成了在南美洲北部的探险工作，并且已经证明奥里诺柯河和亚马孙河之间有一条通道。冯·洪堡经过这次游历，收获了很多南美洲地理与地质学方面的知识。

第三章
西奥多·罗斯福与罗斯福河

西奥多·罗斯福12岁时，家庭医生说他是一个聪明的小孩。他多病的身体没能阻碍他取得成就。他在纽约议会中、达科他的农场中、纽约城中，以及在古巴岛当志愿骑兵旅的负责人时收获"忠于职守"的美名，得以当选为总统。

他在总统任期满后还是不打算休息，前往非洲探险过一次，其后在1913年到南美洲的阿根廷和巴西去讲演。当时巴西政府曾经努力探察亚马孙河沿岸未经发现的区域，同时派人到内陆各大河流处去探险。此举的目的是让橡胶商人能够到那里去采办橡胶，以满足外埠对橡胶的需求。西奥多·罗斯福对巴西政府的探险事业很感兴趣。

后来西奥多·罗斯福的热情更加高涨，因为他听说从前坎迪多·龙东上校曾经做过多次勘测工作，并且到过马托格罗索州的高原。西奥多·罗斯福尤其喜欢听别人说龙东上校在地图上标示的新河。龙东上校不敢断定这条河是往东流还是往西流，也不敢断定它是否直接流入亚马孙河，所以他将其取名为"困惑河"。西奥多·罗斯福决定立即行动，把困惑河全部勘测一遍。

西奥多·罗斯福从亚松森动身，沿着巴拉圭河航行，途中遇见了龙东上校及同行者。他们渡过巴拉圭河，跨过巴西西部的高原旷野，来到亚马孙河的支流。经过"吸血蝙蝠"的栖息地以后，他们到了萨克雷河美丽的沙尔托伯洛瀑布，其后他们又来到更高的乌迪亚利特瀑布。面对这个瀑布，西奥多·罗斯福

说："除了尼亚加拉瀑布以外，在北美洲可能还有另外一个瀑布，这个瀑布在体积和外观上都会超过这个瀑布。"

接下来，探险队到达离乌迪亚利特瀑布不远的翡亚拉。从前到过北冰洋的探险家曾带领一队人乘坐树皮小船沿帕帕基约河而上，据说，此前从未有人到过这条河的上游。他们来到帕帕基约河的上游，一部分人经由约罗拉河和塔帕若斯河到亚马孙河去。西奥多·罗斯福带着其余的人前往困惑河。

这次旅行的真正困难开始出现了，比如蚊蝇导致瘟疫，热病时常发生，骡马又缺少粮草。途中的困难逐渐增加，他们不得不把很多用品抛弃在了当地原住民的聚居区。

不久，这个旅行队再次分散开，一部分人从此地出发到基巴勒拉河流下游，再经由马得拉河去马纳阿；其余的人跟着西奥多·罗斯福前去勘测困惑河。

1914年2月27日，西奥多·罗斯福才开始出发。他们乘着7艘树皮小船，每艘船上有16个划手。西奥多·罗斯福说："我还不确定我们的人7天之

◇ **南美洲美丽的瀑布**
南美洲除最南部外，河流终年不冻。南美洲多瀑布，其中落差最大的瀑布达千米。

◇**独木舟**

独木舟是用一根木头制成的船，是人类在水中最早使用的航行工具，是船舶的"先祖"，在世界各地均有出现。

后能否到达基巴勒拉河，也不确定 6 星期以后能否到达马得拉河。至于 3 个月后我们能到达什么地方，我更不敢说……我们并不知道是否要走100千米或800千米的路程，也不知道前面水流平缓还是湍急。我们不敢断定前面是否有不友好的印第安人。不过无论面对什么人，假如不带手枪，决不能离大队10码……我们对这里的情况一无所知。"

他们沿困惑河航行的时候，西奥多·罗斯福的儿子克米特帮龙东上校做勘测方面的工作。第一天克米特差不多上岸100次，替一些勘测者开辟道路。这条路很不平坦，有危险的水路、已沉的木块，有时还要绕过瀑布。过了水势汹涌的拉威亚急流，他们又走了 1 天的陆路、1 个星期的水路。其间蚊蝇肆虐，还有数不尽的1.5英寸[1]长的蚂蚁，到处都是猿猴。

_____

① 1 英寸 =2.54 厘米，1 英尺 =12 英寸。

　　他们经过碎舟急流时，有 2 艘小船被水浪冲破了。见此情形，他们把树砍倒并挖空，造了一艘笨重的小船。

　　后来他们又经过一个急流，一个同行的原住民不幸淹死了。经过下一个急流时，新造的船严重受损，而且船上预备捆船的麻绳和辘轳之类的工具也遗失了。因担心受到印第安人的攻击，西奥多·罗斯福决定不再修造新船，把一部分行李留在那里，派出13个人上岸，沿着河岸行走。他们就这样走了 3 个星期，行程达140千米，后来才找了个时机另外造了一艘新船。

　　经过长途跋涉，他们的粮食已经严重匮乏，加之饱受热病的侵扰，不得不再次抛弃一部分行李。最终，这次危险的旅行结束了。他们在48天的时间里走了300千米的路程，沿途一个人影也没见到。

　　西奥多·罗斯福立了大功。他说："马得拉河最大的支流破天荒地上了地图。"他验证了困惑河几乎有俄亥俄河那样长，其容水量比莱茵河要大 3 倍。

　　当他们还没出发时，巴西政府就对龙东上校说，如果他们发现困惑河是一条相当大的河流，可以用西奥多·罗斯福的名字命名。所以西奥多·罗斯福在发现困惑河后就在河口处立了一个石碑，上面刻着"罗斯福河"。

饱受囚犯的威胁，饱尝急流的危险，饥饿时还要以树根和蚂蚁充饥。这就是近代一个在南美洲收集地理材料的人的经历。

第四章
兰多与巴西

1911年，A. 亨利·萨维奇·兰多从里约热内卢河动身前往亚马孙河的时候，他的朋友对他说："野兽必定要了你的命！纵使你能躲过，也受不了沿途的各种艰难困苦。你没法为旅行准备充足的粮食，也不可能前一天准备第二天的粮食。"

◇**巴西伊瓜苏瀑布**

伊瓜苏瀑布是世界上最宽的瀑布，位于阿根廷与巴西边界伊瓜苏河与巴拉那河合流点上游23千米处，是一马蹄形瀑布。

　　兰多是一个非常勇敢的人，他对这些"临别赠言"毫不在意。他以前也进行过很多次艰难的旅行，现在他要去探索不为外界所知的巴西内地。

　　在里约热内卢和圣保罗，他想找几个人来赶那些装载货物和科学仪器的牲畜，最终还是没能达到目的。他从里约热内卢西北的一个市镇阿拉瓜利动身时，只有一个巴西人和一个尼格罗人随行，照顾他的6头牲畜。

　　他在戈亚斯州的戈亚斯城再次试图雇几个助手，最后当地政府送给了他4个极为丑陋的囚犯当助手。这几个人几次要刺杀兰多，可是兰多总能想出刚柔并济的方法制服他们。兰多始终表现出毫不畏怯的态度。

　　囚犯们曾经多次想要离开兰多，并要求兰多给他们报酬，兰多每次都满足了他们的要求。每次他们离开后不久，又回来请求兰多永远收容他们，因为如果想恢复自由并回到文明社会里，唯一的希望就是永远跟随兰多。他们知道兰多带了很多金银，但是他们从未见过除了工资以外的任何钱财。

　　兰多一行人跨过巴西中部，经过崇山峻岭和广袤的平原，来到了马托格罗索州，然后又经由塔帕若斯河来到马得拉河。兰多随身携带的地图不可靠，其上的城市和河流错漏百出，他在很多地方都发现了地图上没有标注的河流。

　　兰多雇了一艘很长、很窄的树皮船，重约1吨，他乘船经由阿里诺斯向前行进。船上4个仆人都从未见过树皮船，现在他们都在船上和急流、瀑布做激烈的斗争。有一次，他们的船转入急流，船桨卡在岩石的缝隙里，船尾因而脱离水面，使船身与水面形成了一个30°的角。后来有3人跳下水站在急流里，费了几个小时的工夫才把船从夹道里弄出来。

　　还有一次他们听见一声巨响，是一个大瀑布发出的声音。他们正要转向时，船触礁了。这艘小船是他们在原先的船撞毁后匆忙制作的，不太适合这种危险的河面。他们没有粮食了，不得不试着吃了一次蚂蚁。除了蚂蚁外，他们在16天的时间里唯一的食物只有树根，那是一种煮熟就可以吃的树根。

　　其后他们来到一个地方，那里有一间空茅屋，屋里放着很多用柳条缠着的玻璃瓶，他们一到这里就觉得没有生还的希望了。兰多把这些玻璃瓶当作浮筒，做成一种类似浮排的东西。他们乘着这个形状古怪的浮排沿着克留玛河的下游，向马得拉河方向行驶。只走了两天水路，这个浮排就不能再用了，幸运的是，他们遇到了一群橡胶商人，正巧他们也要到马得拉河去。假如没有遇到这些商人，兰多一行人凶多吉少。

◇巴西热带雨林

此为巴西热带雨林日落时分的景观。巴西国名源于巴西红木，是南美洲最大的国家，享有"足球王国"的美誉，国土总面积851.49万平方千米，居世界第五。历史上巴西曾为葡萄牙殖民地，1822年9月7日宣布独立。巴西的官方语言为葡萄牙语。

从此以后，他们在路上再也没有遇到太大的困难，走了几个月才回到塔帕若斯河，又由塔帕若斯河来到亚马孙河，再长途跋涉经过安第斯山，终于来到太平洋。最后他们的旅行在卡亚俄结束了。

当时一些人认为巴西中部有一座和安第斯山一样高的山，兰多证明了这种猜测是不对的。

为了报答兰多从事这项重要的探险工作，巴西政府送给了他2万元的酬金。

◎ **章首语**

　　3个月只走了200英里的路程。这种旅行值得吗？请读一读关于西奥多·德布格的旅行故事，看看这种旅行到底值不值得。

第五章
委内瑞拉群山中的探险家

　　在委内瑞拉和哥伦比亚的交界处有一个印第安人部落，一个游历家称该部落的成员为"世界上最坏的印第安人"。自西班牙的探险家死后，直到1918年，才有白种人到这里的山中游历。

　　1918年5月，美国地理学会与宾夕法尼亚大学派遣西奥多·德布格从纽约出发，前往委内瑞拉的马拉开波。他此行的目的是去探听那里印第安人的情形，然后爬过高山到哥伦比亚去。当地的印第安人时常攻击其他部落的人。他从马拉开波湖（1499年被发现）动身，经过广阔无垠的沙漠、森林与大河，才来到马奇克斯。他打算从那里向前走，到麦柯亚部落居住的地方。不过有人对他说这些印第安人并不愿接待他。幸而他遇到几个徒库库人，他们是麦柯亚人的朋友。徒库库人带着珍珠、刀子和棉织物来到山里，请求麦柯亚人接待西奥多·德布格一行人。5天后，徒库库人回来告诉西奥多·德布格可以到麦柯亚人那边去，不过要有一个委内瑞拉人一同前往。

　　到麦柯亚部落的道路特别不好走。他们在路上走了很多天才把西奥多·德布格一行人带到目的地。村里人吃惊地看着这个白种人。他们的酋长身高只有5.1英尺，其余人的身高也差不多。可是西奥多·德布格有6英尺高。麦柯亚人决定为客人建造一所比他们自己住的高得多的房子。

　　全部落人都帮他们修建新房子。一些人去砍树，预备柱木，一些人去拆棕叶来做屋顶，还有一些人出去搜寻藤葛等物，以系住新房子的各个部分，因为当地没有钉子。他们只用了 2 天的时间就建好了新茅屋。

印第安人时常来拜访西奥多·德布格，不久他们就成了朋友。西奥多·德布格很喜欢看印第安儿童玩游戏。这些儿童喜爱射箭，他们用的箭和他们父亲用的一样大，只不过箭头不是铁尖，而是谷粒。他们射箭的时候经常分成两队，每队 6 个人，两队相隔约50步远。中箭的儿童必须离开，不能再参与游戏。虽然当箭射来的时候每个人都可以自由躲避，可是事实上没有一个人能躲得了。这种运动的目的是训练儿童具备忍耐痛苦的能力。还有一种类似的游戏，目的是练习动作的灵活性。

开始时，西奥多·德布格完全不懂麦柯亚人的文字，但是 6 星期后他居然认识了300多个字。下面这个故事讲述了他认识当地文字的方法。

有一天晚上，他听见一种很大的声响。第二天早晨，他问印第安人这是什么声音，他们对他说，这是"公拉多罗派克"。过了几天，有一个小孩啼哭，他的母亲说了一些关于"公拉多罗派克"的话。西奥多·德布格问一个麦柯亚人这个词是什么意思，这人立刻倒在地上。西奥多·德布格才明白所谓的"公拉多罗派克"就是"瀑布"。

印第安人带西奥多·德布格去看这个瀑布，白种人从没听说过这个瀑布。直到看到这个瀑布，他才知道它有多么美丽，瀑布有60英尺高。印第安人见这个白人这样喜欢瀑布，就又带他到别的地方看了几个。他一共看了13个瀑布才回到部落里。这些瀑布间的距离很近，都是麦柯伊塔河上的。他给这些瀑布拍了照，当作探险的证据。

麦柯亚人要求西奥多·德布格带领他们去攻打邻族，因为他们深信他带的枪正是他们需要的武器。麦柯亚人说，一旦得胜，所有战利品都归西奥多·德布格所有，还可以送给他很多妻子。可是西奥多·德布格没有心思打仗，他要求印第安人当向导，带他越过高山去哥伦比亚。

4 个印第安人带领西奥多·德布格动身前往哥伦比亚。第一天晚上，他们来到山顶，前面他们都没去过。同行的印第安人焦躁不安，他们不知道仇敌会不会来攻击他们，西奥多·德布格费了很大力气才说服他们继续前进。

他们向前走了 5 天。每天他们都要在森林和矮草间开辟道路，进程缓慢。有几天他们每天只走 5 英里。同行的印第安人也极大地拖慢了前进的速度。他

们就像小孩一样，只要在路上遇到什么好玩的东西，就要玩一玩，枪的印记或可以做弓箭的竹料等都足以使他们逗留一番。

　　西奥多·德布格一行人很希望捉到一些野兽，可是沿途遇到的野兽并不多。有时他们会捉到一只火鸡，可是半个小时的工夫，4个印第安人就把它吃完了。不久他们带的食物都吃光了。因无法添购食物，4个印第安人认为最好还是回家去，探险家西奥多·德布格同意了。其实他们当时离哥伦比亚的边界只有很短的一段路了。

◇**哥伦比亚的科科拉谷**
　　哥伦比亚共和国位于南美洲西北部，西临太平洋，北临加勒比海，人口以印欧混血人为主，是资源丰富的发展中国家。

◇草丛边的火鸡

　　火鸡妈妈带领宝宝们悠闲地散步。火鸡又称吐绶鸡，最初是野生禽类，大约在欧洲的新石器时代（约公元前5000年）被人类驯化成家禽。现在北美洲南部还有野生火鸡。

　　最终西奥多·德布格没能到达哥伦比亚，却得到了很多关于麦柯亚人的重要信息。虽然他探险的范围很小，但已经获得了很多详尽的资料。单凭这一点，他的旅行就是有价值的。

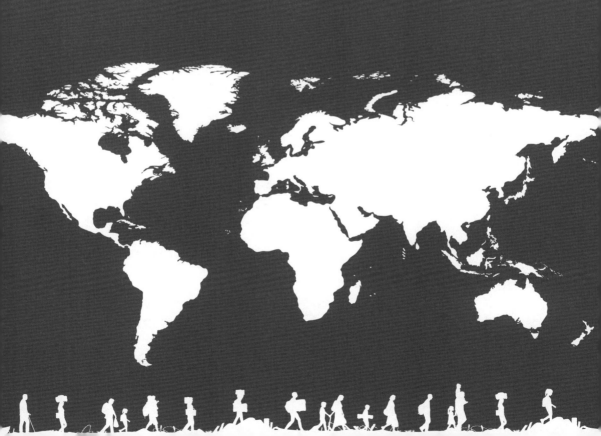

第五编
澳大利亚两个探险家

Real Stories of the Geography

从前，人们对澳大利亚中部的情形一无所知。自从查尔斯船长和乔恩·麦克道尔·斯图尔特有了很多重要发现以后，英国在澳大利亚的殖民事业得到了极大的扩张。

全一章
查尔斯船长与
乔恩·麦克道尔·斯图尔特

  1606年，葡萄牙舵工德奎罗斯发现了一片陆地。他当时以为这是南方大陆，后来才知它只是新赫布里底群岛中的一个岛。他给这个岛取名为"圣埃斯佩里塔岛"或"圣灵的南方陆地"。后来的航海家发现澳大利亚大陆时仍然记得这个名字。

  率先来到澳大利亚的欧洲人大概是荷兰的航海家，他们在17世纪初进行过好几次探险。他们第一次使用的澳大利亚海岸图出现于1627年，作者名叫彼得·纳茨。

  1770年，英国的库克船长将澳大利亚东海岸探察了一遍，目的是获得该处的所有权。库克为该地取名为新南威尔士，他回国以后报告政府说那里并不完全是沙漠地带，英国人都觉得很惊讶，因为库克的报告与他们的臆测完全相反。

  对澳大利亚的第一次殖民是美国革命促成的。英国人已经不能把囚犯送到弗吉尼亚，不得不在澳大利亚开辟一个新的殖民地。当时政府选择的地方是植物学湾。1788年1月，英国的舰队开到那里，此次殖民开辟了悉尼殖民地。

  1815年，澳大利亚海岸全图绘制成功，从此以后一些探险家就到内陆探险去了。1828年，查尔斯船长在澳大利亚内陆开始了第一次重要的旅行。查尔斯船长在军队服役时就对澳大利亚产生了兴趣。他游历了新南威尔士的北方内陆，发现了达令河。

1831年，查尔斯船长做了第二次游历，发现了墨累河。他在途中受尽了艰难困苦，有一次他眼睛得了病，几乎双目失明。

1844年，查尔斯船长开始了第三次游历。因为气候过于干燥，他不得不在达令河以北一个风景秀丽的地方停留了6个月。关于当时的炎热状况，他在日记里这样描述："我们皮箱中所有的螺钉都一齐掉出来，铅笔中的铅芯也跑出来了，我们做记号用的焰火完全失效，我们的头发和羊身上的毛都停止了生长，指甲变成玻璃一样的易碎品。"

他此行的目的是要游历澳大利亚大陆的中心。他带领探险队员走过了一个沙漠，即现在的斯特石沙漠，又经过了一个广袤的平原，后来就来到了距离澳大利亚中心200英里的地方，但是最后他们不得不返回。查尔斯船长在回到海岸以前曾做过第二次冒险，想到中心去，但是北部的热风最终把他吹回海岸。他带的温度计在阴凉地方数值升到127华氏度（约等于52.8摄氏度）以后就炸裂了，他的皮肤受到细沙的摧残，使他极为痛苦。他刚到阿德莱德，两眼几乎失明，以后他的视力再也没有完全恢复。

查尔斯船长最后一次游历的时候，同行中有个名叫约翰·麦克道尔·斯图尔特的地理学家，此人后来成了澳大利亚第二个伟大的探险家。斯图尔特具有同样的野心，一心想到澳大利亚中心去探险。1858年，他开始探察现在的南澳大利亚州。

1860年3月，斯图尔特把他的2个伙伴和13匹马留在托伦斯湖附近，他一个人直接向北方的印度洋走去。山地的景色十分优美，不过因为途中有山水的阻隔，有时他每天只能走几英里的路。

斯图尔特的日记是他对沿途经历的忠实记载。1860年4月22日，他写下了如下文字。

"今天我感受阳光后，知道我已经到达澳大利亚的中心了。我在一棵树上做了一个记号，在旁边插上英国的国旗。在西北方离树2.5英里的地方有一座高山。我认为那是澳大利亚的中心。明天我要在山顶筑一个石堆，插一面国旗并给这座山取名为斯图尔特中央山。"

"1860年4月22日"对于澳大利亚和斯图尔特来讲都是一个重要的日子。

◇**澳大利亚大陆**

　　澳大利亚大陆位于南半球的大洋洲，面积为769万平方千米。是世界 6 个大陆中面积最小的一个。

　　斯图尔特发现这个地方的同时解决了困扰人们的主要问题之一。过去，人们不知道澳大利亚的中心到底有没有沙漠和"内地海"。斯图尔特发现，那里只有一片草地和许多小河。

　　斯图尔特率领的探险队用了 3 个月的时间向着喀盆塔利海湾走去，但是后来因为途中遭遇了原住民的攻击，加之气候干燥和食物缺乏，最终没有到达目的地。途中，斯图尔特很担心生命遇到危险，因为一旦出事，他的重要记录就会消失。

　　回程时，探险队缺少粮食，在14天里他们仅仅依靠澳大利亚出产的黄瓜和其他蔬菜度日。他在日记里这样描述当时的情景："我们把一点点糖放在里面，把它们煮熟吃，这种吃法味道倒是很好。我们从一根瓜藤上摘了两加仑①黄瓜，每根黄瓜有 1 ~ 2 英寸长、 1 英寸宽。"他们这次游历一共走了

---

① 容(体)积单位。加仑又分英制加仑和美制加仑。根据相关标准换算: 1 加仑(美)=3.785 412升，1 加仑 (英)=4.546 092 升。

2 000英里的路程。

1861年旅行结束后不久，斯图尔特又到北海岸游历去了。但没到达海岸就回来了。这次所到之处要比前一次到的地方离海岸近了100英里左右。他探险失败的原因不仅是食物和水源缺乏，还因为沿途林深叶茂，从里面穿行简直是不可能的。

斯图尔特并没有放弃，他回阿德莱德还不到一个月，就带领11个人到印度洋去探险了，沿途只有茂密的森林、美丽的沙漠、高山、湖泊、河流。和上次一样，他们在途中又遇到了森林的阻碍，无法前行，但是这次他们努力在林中开辟了一条小路。他们一直往前行走，途中经过了很多草地和池沼。

1862年 7 月24日，他在范迪门湾望见了印度洋碧绿的海水，高兴极了。"看啊，我们到印度洋了！"同行人中有一个人兴奋地叫着，随后他们欢呼了三声。斯图尔特站在海水里，用海水洗了洗双手，他之前说过，他到达印度洋后一定要在海里洗洗手。随后他又将自己的名字刻在一棵大树上。

他在日记里写道："我经过一个人类所能看见的最美丽的旷野，现在到

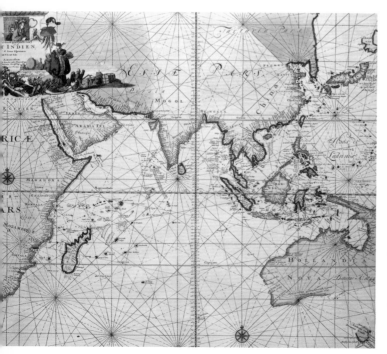

◇1705年出版的印度洋地图

1705年出版于阿姆斯特丹的印度洋地图中，包括南亚、东非和西澳大利亚。印度洋是世界第三大洋，位于亚洲、大洋洲、非洲和南极洲之间，包括属海在内的面积为7 056万平方千米，约占世界海洋总面积的20%，平均深度为3 839.9米，仅次于太平洋，位居世界第二。

了印度洋边。我的伙伴们都平安地来到这里，这证明我达到了此次探险的目的……如果我们在这里建立殖民地，这个殖民地必将成为最美丽的殖民地之一。此地是最好的棉花出产地！"

第二天，他们将一棵大树下部的枝叶砍掉，把一面英国国旗挂在最高的树枝上。在树底下，他们埋了一个锡箱，箱里放着记载他们探险经过的记录。

探险队回去的途中受尽困苦，因为不仅气候炎热，而且严重缺少水源。斯图尔特得了一场重病，回家以后过了很久都没好转，一些人还以为他的病不会痊愈了。在他出发时右手就受了伤，探险回来以后，他的右手几乎完全丧失功能。

在斯图尔特从澳大利亚南部到北部游历一次后不久，政府就根据他所走的路线从南到北铺设了一条电线。斯图尔特和查尔斯船长在澳大利亚的探险经历使人们了解了澳大利亚内陆的情况。

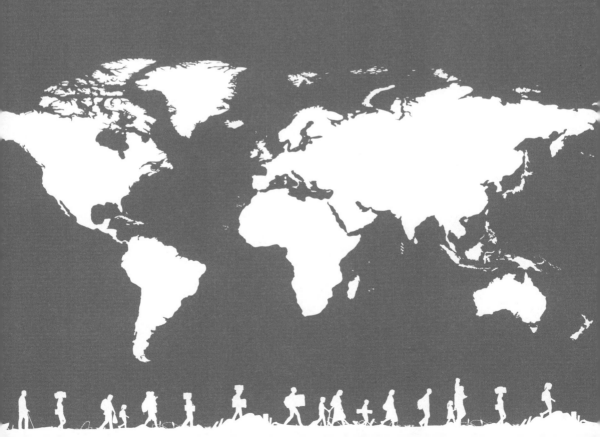

第六编
对海洋秘密的研究

Real Stories of the Geography

第一章
墨西哥湾流——海中河流

地球上最大的河既不是密西西比河，也不是亚马孙河。地球上最大的河是大西洋中的一条河，这条河流虽然以水为岸，但它有时还是会与两旁的海水分得很清楚。这条大河或海流就是墨西哥湾流，它从加勒比海流入墨西哥海湾。

墨西哥湾流从墨西哥海湾经由佛罗里达海峡，沿大西洋海岸流到纽芬兰岛，再从纽芬兰岛一路向东流过拉布拉多洋流，带着拉布拉多洋流的冰块一路南下。拉布拉多的冷水沉入墨西哥湾流的温水之下，使里面的小冰块随着墨西哥湾流往东漂流，其中较大的冰块往南流入欧美间的海船航道中。1912年，泰坦尼克号遇难，就是因为撞到了这种大冰块。墨西哥湾流在接近欧洲大陆时分为两股：一股向北流往北冰洋；一股向南流往赤道，并与赤道流合并。

我们很难确定这条河的长度。它的最狭窄处位于佛罗里达海角附近。即便是最狭窄的河面，也有40英里宽。有人计算过，每小时从佛罗里达海峡经过的水有900亿吨，并且它的热力比体积、流速和密西西比河相等的镕铁河的热力还要大些。假如1小时内从佛罗里达海峡流过的水完全蒸发，剩下的盐即使用全世界所有的船来装载也无法载完。

这条河流的流速各处不一。从佛罗里达海角到哈特拉斯角，水流的速度是每天70英里，但是再往北，水流的速度就逐渐减慢。当它流到欧洲附近的时候，水流就更慢了，它在那里有另外一个名称——"湾流"。

◇加勒比海盗航海图

加勒比海位于大西洋西部南北美洲之间。加勒比海盗以偷袭、抢劫过往船只的货物生存。随着加勒比海盗的壮大和发展，其袭击对象从西班牙珍宝船队变为印度洋远洋船队，最终确定为三角贸易船队。

它流速最快的急流一度在河面的左边。在一定时期内，最快流速的急流从左边逐渐移到中部，最后仍旧回到了左边。

皮尔斯伯里·乔姆埃利奥特是研究墨西哥湾流的专家，他在书中说过："当你们乘船在这条河里航行时，看不到特别的景致和别处所没有的东西。你们可以看见美丽、清亮的河水。水面漂浮着一点儿海草，一两只海豚或鲨鱼在船边游着，飞鱼出没其间，千万只小虫在水里游着，如同日光里的灰尘。但是这些并不能给你们留下什么深刻的印象，你们也绝不会相信这些东西是别处所没有的。把手放在水里，你也并不觉得有什么异样，这里的气候和夏天的气候相同。等到你们的船长观察船的位置时，你们才知船所走的路程比平时多出100英里，这是因为水流很快的缘故。此时你们才发觉墨西哥湾流的水力很特别。"

墨西哥湾流对发现美洲也有一定的作用。哥伦布唯恐平静的海面使他过于安逸以致懈怠，所以选择在墨西哥湾流里航行。当他驶近西印度群岛时，在墨西哥湾流里望见了陆地的影子，这足以使他相信所走的航路是对的。

胡安·庞塞·德莱昂被墨西哥湾流吓到过一次，他在日记里说："虽然吹着逆风，我的船还是不由自主地前行。"

1769年，本杰明·富兰克林在伦敦时听到了一种说法。美国波士顿海关人员说，从法尔茅司到纽约比从伦敦到罗德岛要多走2个星期。本杰明·富兰克林对这个问题很有兴趣，因为他是和美国邮政局有关系的人，后来他遇见一个名叫福尔格上尉的捕鲸人时，就与他讨论这个问题。1769年10月间，本杰明·富兰克林给美国一个朋友写信，信中将他和捕鲸人的谈话内容告诉了朋友。捕鲸人曾经对他说了下面这段话。

"墨西哥湾流是一条凶险的急流，从佛罗里达墨西哥湾流出，沿着美洲海岸向东北方向流去，然后向东流，流速有时是4英里/小时，有时是3.5英里/小时，有时是3英里/小时，有时却是1.5英里/小时。一些捕鲸人每天在这条河里捕鲸，因此对于它的方向、宽、长等都很熟悉，比那些只从美洲而来过路的航海家熟悉得多——并且他们有很多机会计算河流力量的大小。他们在捕鲸的时候，有时船在河里，身体却在河外，有时船在河面，身体却在河里。因为他们彼此分散很快，所以渡河时都十分小心，若是看不见彼此就很危险了。他们在河里有时也会遇到一些开往纽约、几内亚等地的海船，还和船上的人交谈。他们每次航行都要走8到10个星期，可是离美洲还是很远，有时他们也遇不到海船，海船不敢经过水势过于汹涌的地方。根据他们的猜测，海船不得已从这条河经过的时候必须靠着南边走，因为它们害怕无意中走到黑貂角浅滩、佐治亚岸与南塔基特浅滩上。若不如此，他们的航线必会延长，因为在天气晴朗时虽然也有顺风，水流仍能将他们冲回原地去。顺风的力量是有限的，河水一天却要把他们冲回六七十英里，太不划算了。"

一些捕鲸者曾经给邮轮船主以忠告，让他们不要驶到这条河的逆水处，因为那样的话每小时要多走3英里的路，可是那些邮轮船主似乎并不愿意接受忠告。

本杰明·富兰克林在信中又说："我很感激福尔格上尉，因为他答应了我

◇**费城**

　　费城是宾夕法尼亚州最大的城市，是美国最具历史意义的城市之一，在华盛顿之前为美国首都。

　　的请求，在一张航海图上写明这条河从佛罗里达海湾开始至威斯特群岛为止的方向与速度，它从佛罗里达海湾出发时河面最窄、水势最凶，等它到了威斯特群岛向南流时河面渐宽、水势渐缓。他又告诉了我让一些从纽芬兰岛海岸开往纽约的海船躲避这条河流的方法。"

　　这张图就是墨西哥湾流最初的地图，本杰明·富兰克林将这张图及其应用的方法一同寄给了美国邮务官并要求他们将它分送给各个邮船的船主。但是这些船主对此毫不注意，过了很久才相信。

　　后来，本杰明·富兰克林在欧美间往来的时候每次都很投入地研究这个湾流。他借助海草观察了河中的急流，同时把温度计浸到水里以测量水流的温度。

　　本杰明·富兰克林去世后，他的航海图遗失了很多年。1862年，有人在尚普洛斯的马房顶楼上找到了，同时找到了本杰明·富兰克林的许多文档。尚普洛斯位于费城附近，本杰明·富兰克林生前曾在那里客居过。房子的女主人因为厨房缺一张地毯，决定将顶楼上的乱纸堆拿到造纸厂卖掉，以换些钱来购买新地毯。幸好她家里的一个客人无意中发现了这些乱纸的价值，可是发现得太迟了，有一篮子乱纸已经遭到严重损坏。但是墨西哥湾流地图并没有被毁坏，现在还保存在宾夕法尼亚大学的图书馆里。

第二章
海洋答问

在纽芬兰和爱尔兰间的大西洋洋底铺设电缆的计划首次提出的时候，一些人对海底的认识还粗浅得很，他们对这种工程提出很多疑问：海底电缆离海面应该有多远？海底各地的环境是怎样的？海底会不会有动物伤害电缆上的胶质？

人们为了回答这些问题，曾经做过多次科学调查。他们取得的成绩还不算差，因此政府决定进行一次更加完善、规模更大的调查。1872年12月，威维利·汤姆森爵士带领一些科学家乘坐挑战者号从英国的希尔内斯出发了。

在船上，他们准备了各种研究海洋的仪器，甲板所有的空地上都放着长短不一的绳子，总计有几百英里长。仪器中有一种用来探测海水深度的，很重，用时要把它沉到海底，那时它上面的砝码会自动离开它，满载沙泥。这时利用船边的线立刻把它提出水面，人们据此测量海水的深浅。

船上还备有测量水温的温度计。几年前测量深水中的温度还是一件不可能的事，因为水的压力（6 000英尺深的水，每平方英尺的压力为1吨）把温度计中的液体压迫着上升，所以温度计的数值是不可靠的。这次挑战者号所用的温度计非常特别，其装载水银的小管外包着一层玻璃壳，同时内外两管间的空隙中装满火油和蒸汽。这种结构能使外层玻璃管所受的压力转入蒸汽，内层的水银则不受任何影响。船上除了这几样东西外，还有很多取水机和渔网。渔网

◇**百慕大隐藏海滩**
百慕大群岛位于北大西洋，是现存最古老的英国海外领地。

是一个长30英尺的网袋，要用一个长15英尺的杆子撑开。网上安装了砝码，与雪橇上用的铁轮一起沉到海底去采集标本。收放这个大网到1英里外的海底要费很长时间，所以不能经常使用。如果把它沉到1.2万英尺深的海底，等到人们将它收回到甲板上的时候，网中所剩的标本就很少了。这次他们在海中获得了不少标本，有很多重要的发现。这次调查总共用了3年半的时间，取得了极为可观的成就。

科学家们曾详细地研究过墨西哥湾流。沿途他们获得了各种生物，在西印度群岛发现得更多。他们在附近的维尔京群岛探测，用探水机发现那里的海水深至4英里，这是他们探测过的最深的地方。他们在大西洋中来往了3次，途中游历了百慕大群岛、马得拉群岛和其他很多地方。随后他们来到太平洋，对其进行调查，同调查大西洋一样详细。

他们不仅对太平洋洋底的地形有了了解，还获知了许多关于磁石指南针的新知识。普通人以为里面的针是直接指向正北方向的，可是事实上，在有些地方它的方向会有轻微变动。它在俄亥俄州西部与南卡罗来纳州，有时直指正北方，有时偏斜一点。在缅因州的东北部，它指向北偏西20°，在华盛顿州的西北部，它又指向北偏西24°。它在海里也有同样的变化。对于这种变化的解释是：使指针移动的是地球，地球各地的磁场力并不是相等的。

威汤姆森爵士这次虽然考察了磁力的变化，但是这并不是政府首次派人考察这种现象。1698年到1700年间，政府曾派遣埃德蒙·哈雷乘巴拉慕尔宾克船考察过一次。埃德蒙·哈雷回来后出版了他的著作《同等磁吸变迁线》，其后很多航海家都研究过这本书。后来一些科学家把它修改了一遍，书中有很多地方都被修正、更新了，但是最重要的增补还是威汤姆森爵士及其同伴绘制的航海图。

1909年，威汤姆森爵士回到英国约33年后，华盛顿的卡利基学院又派人乘卡利基快船出去考察。担心铁船会对指南针产生影响，卡利基号完全是用木材制造的，船上也不用铁钉，只用木榫与铜钉，船锚和厨房中的火炉都是用铜制作的。卡利基号在招水手的时候打趣地声明：不招铁质的人，只招铜色的人。这次出发的目的就是："日和月只在人们看得见的时候才可以左右船的方向，地球无论什么时候都能用它的磁力左右航海家的指南针，白天也好，夜间也好，有云时是这样，有雾时也是这样。为了使人类能够尽量利用这种自然力，卡利基号要根据这种自然力在海洋中的位置画成一个图形，来指导各国的航海家。"

卡利基号出发 6 星期后，人们就发现了当时最好的航海图中的所有错误。虽然这些错处早就有人知道了，但是此前绝没有人确切地说明是怎样错的，因为以前的人是乘着铁船出去考察的。

1909年进行的海上考察是未来12年中 6 次海上考察中的首次。在这12年中，卡利基号总共航行了25万海里①。有一次，卡利基号在119天内在南冰洋区域环游地球一周。有人说，这是有史以来第一次在一季中在南冰洋区域环游地球。

这艘不受磁力吸引的海船考察回来后，避免了很多遇险事件的发生。从此以后，海上航行的铁船可以准确地使用指南针了，他们可以将指南针在某处所指的方向与卡利基号上的指南针在同一地方所指的方向进行对照。

---

① 海里：国际度量单位，1 海里 =1.852 千米。

第七编
美洲探险家

Real Stories of the Geography

第一章
美洲的开辟与殖民

如果你们想读世界上最浪漫的故事，只要拿上一本《美国史》去认真读读，看看那些开辟美洲和最初移居美洲的先驱者的故事，一定会感到满意。在地图上追溯他们所走的路程后，你们就会相信他们的工作是多么伟大，他们是多么辛苦，他们取得了多么大的成就。

如果美国国土全部都像伊利诺伊和艾奥瓦平原那样平坦，如果各部分都有大河的灌溉，那么先驱者的工作肯定要容易得多。但实际情况并非如此，美国东部多是山路，西部既有高山又有沙漠，所以当时的旅行极其艰难。

初次来到美国的人都选择在大西洋沿岸居住，因为欧洲人来这里必须得在大西洋海岸上岸。他们在沿海一带频繁练习如何经过科德角和哈特拉斯角，因为在这些地方航行是十分危险的。

那些航海的船主想在西北方向找一条通往西印度群岛的水路，于是就冒险驶进河里。这些河流的出口都非常大，看起来就像海的臂膀一样。他们到过波托马克河、詹姆斯河、哈德逊河和德拉瓦河，但是这些都不是他们想要的道路。

后来他们觉得圣劳伦斯河似乎可以通往西印度群岛，可是最后的结果还是令人大失所望。他们在那里并没有找到西印度群岛，因为它是五大湖到密西西比河的水路。在这条河沿岸，他们修造了很多炮台。这条河是法国人发现的，

◇ 匹兹堡百货大楼上的黄铜钟

匹兹堡市中心考夫曼百货大楼上装饰着华丽的黄铜钟，别具风情。

其所有权很长时间都掌握在法国人手里。

此后不久，密西西比河以东的沿海各地逐渐成为殖民地，直到后来海岸以西的内陆才逐渐有人居住。

后来又有一些先驱者冒险从俄亥俄河下游的德克斯炮台（即现在的匹兹堡附近）动身，经过罗逊迪菲（即现在的辛辛那提城），再经过罗斯菲尔（即现在的俄亥俄瀑布），来到密西西比河的开罗。还有许多先驱者带着家眷从弗吉尼亚河溯波托马克河而上，过了约克加尼河转入莫农加西拉河，来到俄亥俄河。

很多人从马里兰州出发，经由萨斯奎哈纳河，再经宾夕法尼亚来到纽约。另外一些人从纽约州的杰纳西河向着布法罗前进。后来人们就在纽约州和布法罗之间修建了伊利运河，伊利运河经过的地方几乎与之前探险者所走的路程相同。一些愿意到山那面去的人大都从阿勒格尼河经过。这条河上游十分凶险，所以关于这些勇敢的男人以及后来那些同行的妇女和儿童在河中旅行的故事是很动听的。

在加拿大和美国亚拉巴马州北部之间有一条阿巴拉契亚山脉，在很多年的时间里阻挡了一些要到美国西部去的移民和探险家的步伐。人们想办法在山中开辟了几条大路，同时沿着河道前往西部。其中最著名的道路就是丹尼尔布恩荒野路，这条道路是1775年丹尼尔亲自指挥工人在森林中开辟的。它从弗吉尼亚州沿着赫尔斯顿河，过了坎伯兰岬口，经田纳西州直抵肯塔基州。

　　詹姆斯·罗伯逊走过这条道路。他从弗吉尼亚州动身时带了很多人，过了坎伯兰岬口后向西南方向沿着有野牛足迹的道路前进。他到达坎伯兰河后修筑了一个木寨，这就是美国人移民纳什维尔的开始，纳什维尔现在是田纳西州的首府。

　　罗伯逊的几个朋友走了另外一条路，他们都是跟随约翰·多纳尔森到昆布兰新殖民地去的。同行的很多妇女、儿童带了一些家具，因为其丈夫或父亲已经从那条直接但更难走的道路先行出发了。他们从田纳西河动身，经过现在的查塔努加，沿着狭窄的山路前进。在田纳西河中航行时，当他们经过最狭窄的

◇移民

　　移民是人口在不同地区之间迁移活动的总称。人类历史上总共发生过10次大迁徙：匈奴人入侵欧洲、大西洋奴隶贸易、清教徒移民、加州淘金热、非裔美国人迁移、非裔美国人新的大迁移、印巴分治、苏联人口迁移、墨西哥移民和叙利亚难民危机。

地方即所谓"开水壶"时，有一艘船翻了。就在他们刚要救落水者时，河岸上忽然来了一群带枪的土匪朝他们射击。当时约翰·吉宁斯的船因触礁搁浅，船上有一部分人被捉去了，其余的人乘机逃走了。他们随后来到马斯尔肖尔斯，经过俄亥俄河，最后经由坎伯兰河来到那个殖民地，当时罗伯逊已经在那儿等候了。

　　在很多年里，美国的东西部是以密西西比河为界的，因为在河的西面有一块法国殖民地。但是自从美国将路易斯安那州从法国政府那买来之后，人们就立刻到密西西比河上游和河西区域探险去了。其中最伟大的探险工作之一是刘易斯和克拉克的探险。他们探察完密苏里河的发源地后，就爬过高山去考察哥伦比亚河和太平洋海岸的北部地带。早在他们之前，

◇**大盐湖**

　　大盐湖是北美洲第一大盐湖，位于美国西部内华达山和瓦萨启山之间的盆地中，形成于14 500年前。盐湖是咸水湖的一种，是湖泊发展到老年期的产物，干旱地区含盐度很高，是重要的矿产资源。

已经有人到过这些地方，只不过都是绕道南美洲。

此外还有两条重要的道路穿过落基山。这两条道路都是从韦斯特波特（现在的堪萨斯城的一部分）出发，由密苏里河进入帕特河，进而到现在的爱达荷州的东南部，从此这两条道路就分开了。一条名为加利福尼亚小径，向南经过大盐湖的北部进入洪堡河，又经过内华达山通到加利福尼亚州；第二条路名为俄勒冈小径，向北沿斯内克河（又名"蛇河"），经过高山到哥伦比亚河，直抵俄勒冈州的中部。

因为当时的商人都想去圣达菲城（1848年以前属于墨西哥），所以他们又开辟了到圣达菲去的道路。一条路从韦斯特波特起进入阿肯色河。这里有一条西南方向的路几乎可以直接通到圣达菲。还有一条路是从阿肯色河向下延伸，然后直通向南。走这条路的人时常提起沿途和印第安人的冲突事件，但是这些困难吓不倒其他想去的人。还有一些探险家从格兰德河来到希拉河附近，再由希拉河出发，前往它与科罗拉多河的交汇处，再从那里去圣迭戈。

经过先驱者的开拓，美国的国土面积大大增加。一些探险家沿着河流、穿过森林、越过高山峻岭，最后终于到达目的地——太平洋沿岸。

◎章首语

密西西比河是流入太平洋的墨西哥湾，还是流入大西洋？这个疑问一直困扰地理学家很多年。马凯特和路易斯·乔利埃特给出了答案。

第二章
马凯特与路易斯·乔利埃特
——密西西比河的发现

马凯特生于法兰西的拉昂城，这座城位于一座小石山上。在古罗马时代山上就有一个堡垒，1 000年后很多骑士都聚集于此，把它当成一个攻守之地。马凯特在世的时候，关于这个堡垒有很多奇异的故事，就如同在第一次世界大战中发生的一样。

1654年，马凯特17岁，这一年他进了南锡的耶稣会大学。按理说他既然进了这种学校，似乎就不会从事任何冒险事业了，但出人意料的是，后来他仍然有很多冒险的机会，取得了伟大的功绩。他喜欢听人说耶稣会员在新法兰西（即北美的法兰西殖民地）与印第安人杂居的故事，因此他立志成为耶稣会员。29岁时，他才被耶稣会派去大西洋另一边森林中的教会工作。

他乘船来到魁北克并在那儿逗留了几个星期，目的是尽可能从印第安人和皮货商口中探听当地的情况。不久他就动身来到三河的教会，三河城位于圣劳伦斯河畔，离魁北克70英里。他在三河城用心研究印第安人的语言和风俗习惯，仅用了2年的时间他就学会了6种印第安人的语言。他成了一个真正的山中人，他驾驶树皮船的技术不比任何印第安人差。与他来往的人没有一个不喜欢他的，因为他不仅为人和蔼，而且愿意与人往来。遵守布道家的规则简直是他的第二天性。当时布道家的规则就是：

"因为你们一辈子都要和印第安人往来，所以你们必须把他们当自己的兄弟姐妹一样看待。你们不要等他们请的时候才去做事，一定要主动做事。你们必须用火石为他们点烟，到晚间为他们点火，这种小事就能让他们开心。上船前要把长袍卷起来，不要把沙子或水带到他们的船上去。不要让任何一个印第安人讨厌你们。不要向他们提太多的问题，这样会得罪他们。切记不要表现出任何不满，即便有不满也要忍在心里。你们坐船时要格外小心，不要让帽檐妨碍他们的行动。坐船时可以戴睡帽。"

◇魁北克

魁北克是加拿大的一级行政单位，也是加拿大面积最大的省，超过80%的人口为法国人后裔，是北美地区的法国文化中心，也是加拿大和北美洲东部的交通要道。

马凯特会到苏必利尔湖沿岸的印第安人部落中开展工作，开始在苏圣玛利滩，其后又到拉波因特。拉波因特位于肯塔基州的阿什兰附近。马凯特又从阿什兰来到米西利马勒克岛，即麦基诺岛，在密歇根湖和休伦湖间布道。

在苏必利尔湖地区生活的印第安人对马凯特及其他布道家讲了很多关于神

◇加利福尼亚海湾

太平洋沿岸的加利福尼亚海湾沿岸的峭壁，背景是美国的旧金山。

秘的密西西比河的故事。有一个布道家把一份报告书寄到了法国，其中有这样一段话。

"原住民所说的密西西比河是向南流的，它必定在佛罗里达入海，从入海口起共计1 200多英里长。几个印第安人说它是条大河，其中有一段900多英里长的河面，比魁克河的河面还要宽一些，达3英里多。有几个士兵到过这条河，他们看到住在那里的人和法国人一样经常用长刀砍伐树木，并且有很多人都把房屋修在水面上（意思是造船）。他们又说河的沿岸有各种民族，一个民族中又分为不同的部落，他们的语言、风俗各不相同，时常发生战争。"

马凯特的注意力完全移到了密西西比河上，他很想将它全面、彻底地探察一遍，看看它到底是流入加利福尼亚湾、墨西哥湾还是大西洋。

当时的法国政府还想再占领些土地，于是就在密西西比河岸边修筑了很多炮台，目的是阻止人们移居到西部。他们还打算扩张兽皮贸易，寻找金银矿山及其他矿产，还想把印第安人变成虔诚的基督徒。他们认为达到这些目的，只需找一条通往南方海岸的道路就行了，这条未经探察的密西西比河的有些支流也许可以直通南方，所以他们打算铤而走险，前去探察。

路易斯·乔利埃特沿着福克斯河的上游来到一个地方，那里离威斯康星河只有1.5英里。于是他们把两艘船经由陆路抬到威斯康星河中，随后来到了现在的威斯康星州波蒂奇城。马凯特在日记里说："我们从魁北克来到这里已经走了1 200~1 500英里的水路，现在我们还要由水路去往未知的地方。"

他们从此地出发，共走了7天才来到密西西比河。当马凯特第一次看见这条河流的时候，高兴得无法用语言形容。

他们不久就发现了印第安人所说的妖怪。马凯特说："我们时常遇到些形状怪异的鱼，它们的力量非常大，有一次它们冲撞船的时候我还以为船撞到了一棵大树，它们几乎要把整个船身撞成碎片。还有一次，我在水面看见一个怪物，它的头很像老虎，鼻子像山猫，上面有直立的胡须，两耳直而尖，头部呈灰色，颈部呈黑色。"

这两种奇怪的动物其实是很大的鲶鱼和虎猫。

他们又在密苏里河、奥尔顿和伊利诺伊州附近见过一种动物，印第安人曾经为它们画过两张像。马凯特曾这样描写它们："它们的体积差不多和小牛一样大，头上有角，像鹿角一样，两眼凶恶且带红色，长有虎须般的胡须，面部与人类几乎相同，全身都有刺。它们的尾巴很长，能把全身包围起来，从头一直围到脚，就像鱼尾一样。画中只有红、黑、绿三种颜色。"

这些图画是密西西比河的象征，它们的遗迹还可在怪石上找到。

探险家从此处来到阿肯色河口。他们来到这里后意识到最好还是回去，因为印第安人警告他们说南方的西班牙商人可能要抓他们。此时马凯特和路易斯·乔利埃特通过自己的观察和印第安人提供的消息，已经确定密西西比河是向南流入墨西哥湾的。

他们此时已经离开圣依格勒斯2个月了。他们在和密西西比河的急流斗争几个星期后才到达伊利诺伊河，再由伊利诺伊河转入密歇根河，接着沿河的西岸来到斯特金湾的对岸，然后把船从陆地搬到格林湾。他们离开福克思河已有4个月的时间，现在又回到了福克思河口附近的迪尔。在这里，马凯特和路易斯·乔利埃特各自为此次探险取得的成绩准备了一张地图、一篇报告。

第二年春天，路易斯·乔利埃特动身回到魁北克，途中他的船在蒙特利尔上游的拉欣急流中遇险，他的所有行李都遗失了。他在水里待了几小时后才得救。因此，关于此次重要探险，我们只能参考马凯特的地图与报告。

那些布道家继续在迪尔的印第安人中开展工作，因此马凯特就把他的地图与其他记载资料寄到了魁北克。他本想回到伊里诺伊设立一个教会，但是自

密西西比河探险回来后他时常感到身体异常困倦，一直等到1674年10月才动身。可是不久，他就因为身体的原因不得不折返。他还没有见到朋友，就于1675年5月18日在今天的密歇根州勒丁顿城附近去世了。

后来几个印第安人把他的遗体运到了圣伊格勒斯。每年夏天，有很多人来到他的坟墓边纪念他，因为他和路易斯·乔利埃特在美国史上最伟大的探险事业中共过甘苦。

◇急流

湍急的水流在绿色的河流中翻涌。按出现的高度不同，急流一般可分为高空急流和低空急流。

第三章
初期的加拿大

北美洲历史上最有趣味的故事，主题是"荣耀的哈德逊湾公司"，故事说的是从前那些勇敢的探险家和先驱者在北美洲殖民的事。他们设立的殖民地现在都已变成繁华的都市了。除了探险，故事中还有争抢开辟权、商业上的争夺等事件。

17世纪中叶，有两个法国人，一个叫雷迪森，一个叫格罗色勒，他们到哈德逊湾游历多次，并在那里获得了很多兽皮。他们违反魁北克政府的禁令，又做了第四次游历，回来后被政府处罚了。他们并没有因此而灰心，还是鼓励魁北克和法国本土的居民到这个出产兽皮的地方探险，然而并未成功。于是，他俩又到波士顿动员商界人士，想组织一个小规模的探险队，可是这次仍旧没有成功。

不久，英王查理二世听说在美洲北部有一个发展商业的机会，就派遣了一个探险队到那里探察。探险队在哈德逊湾修建了查尔斯堡。1670年，一些商人请求英王颁给他们一张到哈德逊湾经商的特许证书，英王居然同意了这一请求。特许证书中的内容是："哈德逊湾贸易公司在哈得逊湾内享有一切河流、海洋、海湾、湖港海峡以及原住民居住区内的贸易权。除了贸易权外，该公司还享有采矿、捕鱼、立法与司法等各项特权。在必要时，公司还可以派遣战舰、军队与武器。公司对国家的义务是，探寻那条'早就有人说的'通往南方之海的道路，并奉送国王'两只麋鹿，两只黑獭'。"

公司得到政府的特许证书后不久，就派出一支兽皮探险队，随后又派了很多人去往哈德逊湾沿岸各地，在春、冬两季同印第安人开展贸易。

但是英国人经过一番讨论，决定暂不占领这个区域。1678年，法国首相就曾命令加拿大总督质问英国人建造查尔斯堡的理由。1681年，法国也组建了一个公司，叫西北兽皮公司。这两个公司的竞争直到1713年才停止，因为《乌得勒支和约》签订后，法国将它在哈德逊湾占领的所有土地移交给了英国。

但是法国在加拿大南部几条大河的沿岸仍然有自己的殖民地，同时为了巩固势力，该地的法国人仍然继续向内陆前进，不停地探索那条所谓的西北航道。一个名叫维伦德勒的法属加拿大探险家深信从苏必利尔湖向西走1 500英里就能到达太平洋。他沿着这条路线出去旅行过几次，在落基山及红河与阿森尼波印河沿岸附近修筑了炮台。他不幸死在途中，再也不能到太平洋海岸去了。直到30多年以后，哈德逊湾公司的商人才证实了他的猜想。

兽皮贸易是英法两国争执的主要问题，这一争执直到法国－印第安人战争结束后才停止。1763年《巴黎条约》签订以后，法国将加拿大的全部殖民地让给了英国。

西北兽皮公司极力反对这种殖民事业，因为白种人在红河沿岸出没，必然会影响他们的兽皮贸易。于是，西北兽皮公司怂恿红河沿岸的印第安人极尽所能地给这些新来的白种人捣乱。一段时间内，红河沿岸争斗、杀戮不断，直到最后政府才恢复了该地的秩序。因为终年争斗无法增加商业利益，西北兽皮公司和哈德逊湾公司最后还是重归于好，为了利益联合了起来。

他们认为兽皮的销路太窄了，必须扩大市场，所以不久他们就把生意拓展到俄勒冈和温哥华等地。之前不列颠哥伦比亚未经开辟的区域和加拿大西北部地区随后逐渐被开辟。

不久，红河沿岸的商人便极为不满，理由是他们不能进行自由贸易。他们要求拥有与英国国民相同的权利。英国政府担心这些人组建临时政府并加入美国，就由议会中的一个委员会提议将公司的一切土地让给加拿大政府。几年后公司才对这个提议表示赞同，将它所有的土地全都让给了加拿大政府。当然它也得到了150万元的回报，还保留了公司建筑的地基与从前享有的肥沃土地的1/20，以及各方面的自由贸易特权。

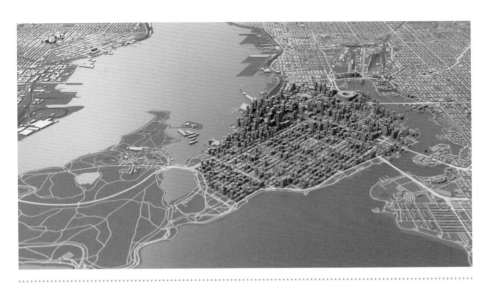

◇俯瞰温哥华

温哥华，是加拿大平原地区的一座沿海城市，是加拿大西部的第一大城市。

　　红河流域"半欧洲人"的叛乱，是以路易斯·瑞尔为领袖的。此次叛乱使加拿大推迟数年才占领了那块新领土。叛乱在1870年8月24日被政府平定，使加拿大获得了垂涎已久的土地。

第四章
两个高水平的地图绘制家

　　现在多数探险家、地图绘制家在工作时都会用到精密的仪器和工具，但是从前一些地图绘制家并没有精密仪器。比如，贝尔彻群岛的地图是一个名叫维托特克的因纽特人在一个旧印刷品的背面画成的，这张地图很精致，就如同后来地图专家所画的一样。维托特克的成就令人感到特别惊奇，因为其中有一座岛屿大约长100英里，海岸线也很曲折。

　　18世纪末，至少有两个先驱者将他们探险过的美国的几个区域绘制成了精确的地图，虽然他们连普通仪器都没几件。

　　其中一个人名叫约翰·菲奇，于1743年生于今天的美国康涅狄格州。8岁以后他每年都到学校去学习1个月，其余时间在父亲的农场里做工。他对学习很有兴趣，不久就掌握了一点数学知识。11岁时，他听说《希蒙的地理学》这本书口碑极好，包含了全世界的地理知识，就请求父亲给他买一本，但是父亲没有给他买，却给了他一块土地让他种番薯。假期里，菲奇在家辛苦地耕作。番薯收获以后，他得到10先令①的回报，但是他想要买的书的价格是12先令，所以约翰·菲奇必须再继续多赚些钱来补足，还要还他父亲为他买种子的钱。他攒够钱买到这本书后，将其彻底研究了一遍，很快就学到了很多世界各地的知识，从此他对测量产生了兴趣。

---

① 先令：英国的旧辅币单位，1先令=12便士=0.05英镑，在1971年英国货币改革时被废除。

他长大成人后在军队服过一次役，后来在钟表店里当学徒，但是他对这两种职业都不满意。在美国革命期间，他为大陆军队服务了半年，1780年被派遣到肯塔基的新殖民地当测量员。他的测量成绩很好，也很喜欢那里的生活，所以在1782年他回到菲列德尔菲亚后不久，就带了一群移民经俄亥俄河回到肯塔基。在俄亥俄州的美立厄塔附近，他们的船受到印第安人的攻击，菲奇被掳走。

被掠走的菲奇仔细观察了所经过的每一个地方。他从这些印第安人口中探听到了西部各大河流与大湖的位置与面积等详细情况。印第安人的消息大致可靠，一个为约翰·菲奇作传的人说："对地势方面的观察，再没有人比这些印第安人的观察更精细了。菲奇能在地上根据他的经历画一幅简单的地图。对于各地的记忆，他是绝对不会弄错的。"

◇因纽特人的村庄

图为因纽特人的冬季居所。因纽特人生活在北极地区，又称爱斯基摩人，分布在从西伯利亚、阿拉斯加到格陵兰的北极圈内外，属蒙古人种北极类型。

菲奇知道俄亥俄州以北和宾夕法尼亚州以西的区域从未有人测量过。他很想为这一区域绘制一张地图，相信终有一天这个区域会成为美国的中心。他在恢复自由后回到了宾夕法尼亚州。1786年，他在菲列德尔菲亚附近一个朋友的工厂里为伍兹湖到田纳西州这片区域画了一张地图，并将其印刷了出来。

在这张地图中，所有河湖的方位都标注得比较精确。地图上有一段序语：

"作者贡献给社会的这张地图是他公开的作品。作者相信虽然它并不是一张完善的地图，但其中绝对没有大的错处。作者在图中并未将河流所有的曲折表现出来，只将它们的大概方向画在了

◇**田纳西河**

在普伦蒂斯库柏国家森林拍摄的流经山谷的田纳西河。田纳西是美国东南部的内陆州，州名在印第安语中意为"曲流"。

上面。"

在完成地图之前，约翰·菲奇心里就有一种意念——想用蒸汽机驱动船只。经过一番精细的思索后，他坚信这是完全可能的事，但是因为没有足够的钱做试验，这一计划没能实施。当他绘成地图后就知道不用发愁试验的费用了。他获得了帕特里克·亨利及其他人的赞助，因为他说汽船可用于开辟俄亥俄河与密西西比河沿岸的区域，能极大地增加弗吉尼亚州的利益。有115人愿意帮助菲奇经营这项事业，并且在这份合同上签了名。

"约翰·菲奇现在提议制造一种机器，用于促进河道运输等事业，科学家评估后，认为这能带来很大利益。为帮助约翰·菲奇，使他顺利完成试验，我们这些签名的人愿意拿出自己名下应出的款项，但是菲奇同时要将他绘制的美国西北部地图以每张 1 克朗的价格同我们拿出的款项交换，每人所得的地图的总值须与拿出的钱相等。""约翰·菲奇可以将这笔款项的一半用在试验汽船方面。"

约翰·菲奇的汽船造成后，在德拉瓦河以 8 英里/小时的速度第一次试航，这是另外一件事，本书不做详述。但无论如何我们都要知道，菲奇之所以享有盛名，完全是因为汽船制造上的成功。同时他在地理学方面也很著名，因为他是高水平的地图制造家。

另外一个高水平的地图制造家名叫约翰·菲尔逊，当肯塔基的殖民地刚被开辟的时候，他到过那里。他与约翰·菲奇一样，从小学习了测量方面的知识，他在家乡宾夕法尼亚州对这片新开辟的土地产生了极大兴趣。他知道将来必定会有很多人来到这个物产丰富的地方居住，所以他很想为这里写一本历史书。而在这本历史书中必须有一张地图，但是当时还没有可靠的地图。

为了绘制地图，菲尔逊前往肯塔基州游历，不仅测量了土地，而且对遇见的各种问题都做了详细记录。他在途中时常与丹尼尔·布恩等老游历家和猎人谈话，他们将沿途河流的具体情形告诉了菲尔逊。

1784年，他在著作完成后便回到东部去印刷，因为当时阿利根尼山以西的地方没有印刷厂。最后他在特拉华州的威尔明顿找到一个印刷厂，又请了一个刻字匠帮他做制版工作。

菲尔逊测量的时候虽然没怎么用过仪器，但他绘制的地图十分精确，后来的肯塔基地图简直就是它的翻印版。菲尔逊对自己的作品非常满意，把它送给

◇**古老的印刷机**
印刷机是印刷文字和图片的机器，其先祖为中国的活字印刷术。

了美国国会和华盛顿将军。

菲尔逊所著的历史书价格是每本 2 先令 6 便士[1]，地图的价格是每份 5 先令。这本历史书的原版曾卖过120美元的高价，至于原版地图，无论出多高的价格都很难买到了。

---

[1] 便士：英国货币辅币单位，类似于中国的"分"，1 便士 =0.01 英镑。

第五章
刘易斯、威廉·克拉克与太平洋海岸

　　1803年，法国将路易斯安那卖给美国后，美国的疆域大大增加。杰斐逊总统早就有了一个秘密计划，想要开辟路易斯安那。在美国买到这块荒地后，杰斐逊总统随即派人前去探险。根据计划，探险队要经密苏里河前行到现在的蒙大拿州的山区，如果可能的话，再经过这个山区到太平洋去。

　　当时杰斐逊总统的秘书梅里韦瑟·刘易斯上尉请求担任探险队队长。杰斐逊知道他是一个勇敢且吃苦耐劳的人，虽然刘易斯只有29岁，杰斐逊还是批准了他的请求。刘易斯的朋友威廉·克拉克也被派去和刘易斯一起探险。在探险队伍里，克拉克与刘易斯具有同等的权力。

　　他们选择在密苏里河口附近过冬。1804年5月14日，刘易斯与克拉克带领43个从人沿密苏里河前行。他们乘坐一艘龙骨船，船身长55英尺，其上有"一个很大的四方船帆，22只桨"。此外，还有2艘无篷船，其中一艘有6只桨，另一艘有7只桨。

　　他们行进的速度极为缓慢，沿途遇到了很多困难。1804年6月26日，他们来到堪萨斯河口，8月21日到达艾奥瓦州的苏城。其后他们渡过位于南达科他州皮尔附近的密苏里河大湾，步行到北达科他州的俾斯麦城。这里距他们的出发地1 600英里。他们在这里修了曼丹堡，并留在此地过冬。

◇俾斯麦纪念碑

位于费尔德堡西巴克山上的俾斯麦纪念碑。俾斯麦是北达科他州的首府，为该州中部的商业、医疗中心。

他们在冬季休息的时候准备了第二年春季出发所需的一切用品。同时他们的队长多次向印第安人打探情形，而且经常和西北兽皮公司中的捕兽人、商人攀谈，这些人从加拿大前往南方密苏里河的目的是探寻和捕捉长有皮裘的野兽。与这些人谈论所得的结果使刘易斯草草绘制了一张密西西比河与太平洋海岸区域间的地图。不幸的是，后来有人发现这张地图中有很多错误。现在美国华盛顿的陆军部还保存着一张这种地图。

1805年 4 月 7 日，刘易斯派了14个人乘坐大船带着队长的书信和记录返程。刘易斯和克拉克带领其余的29人乘坐 2 艘小船由密苏里河前进。其中有一个著名的妇女，名叫萨卡加维亚，她是探险队的翻译。萨卡加维亚这个名字的意思是"鸟女"，从名字上我们就知道她是一个很斯文的女人。她曾经给予刘易斯和克拉克两位队长很大的帮助。有一次，那只装载沿途记录、所有工具和药品的船被大风吹翻了，船上的东西全都掉到了水里。男人们都惊慌失措，没能捞出一点东西，萨卡加维亚一边救护自己的婴儿，一边捞出很多在水面漂流的货物。这次探险若没有她的跟随，必定要失败。后来，有人想阻止探险队前进。他们的阴谋被萨卡加维亚识破并告知了众人。假如没有她的胆量和热忱，探险家恐怕会有生命危险。

在旷野旅行是一件非常困难的事，稍有不慎就可能丧命。探险家们还是勇敢地前进，来到密苏里河的三岔口，即麦迪逊河、杰斐逊河和加拉廷河三河交汇处。这时他们的队长决定在那里藏一部分粮食，预备在回来的路上吃。这是在旷野中旅行的人惯用的方法，这样不仅可以减轻负担，还可以满足将来的需用。关于藏粮食的方法，他们在日记里说得很清楚。

"我们在密苏里河以北的高原选择一块离峭立的怪石40码的干地，在地上画了一个直径20英寸的圆圈，然后在这个圆圈内挖一个洞。洞深约1英尺，土松之处还不止1英尺。洞里的沙土越是往下沉，洞内的面积就越大，直到后来形成了一个6～7英尺深的洞，形状很像水壶，而'壶底'就在中心。我们把从洞里挖出来的土用布或皮包好，将它抛到河里或藏在极隐秘的地方，不让外人知道这里有地洞。我们在洞底铺上一层3～4英寸厚的干枝，上面再铺上一层干燥的皮革或干草，然后把已经晒干的货物放在上面，洞的四周也要围上干草，以免受潮。货物几乎要把洞填满的时候，我们把一张兽皮铺在上面，再用土填满。这时洞口与四周的草地完全形成了一个平面，无论谁都看不出那里有个洞。"

其后不久他们来到密苏里河的支流，随后又来到哥伦比亚河的支流。他们从那里到达了下游的哥伦比亚的克拉克福克，沿途历经很多危险。哥伦比亚河下游有些地方水流湍急，船只不能通过；两岸的山崖十分峻峭，船只也不能靠河岸行驶。

关于沿途的困难，同行的探险家帕特里克·加斯在日记里有这样的记录：
"两岸的高山相距太近了，我们的船根本不能从这种狭窄的河面经过，只好跨过3英里的高山再到河里乘船前行，那里只有1艘小船、1间茅屋，原住民正在采摘山果等物品，作为冬天的粮食。我们前后共跨过4座高山，才找到一条大溪流。在溪边有1艘小船和3间印第安人的茅屋。我们派出3个人先到茅屋周围打猎，那里的原住民十分惊恐地避开了。不久我们的大队人马和向导到了那里，这些原住民才安心。"

除了这些困难，他们还缺少粮食。有时他们能捉到一些小鱼。有一天，就

◇茅屋

茅屋，是人类较早搭建的用以躲避风雨和禽兽侵害的屋舍。之后人们从洞穴中走出来，摆脱了对自然的依赖，创造了相对安定的栖居之所。

在他们几乎要饿死的时候，一个猎人捉到了一只大鹿。然而，他们始终没有稳定的食物来源。

帕特里克·加斯在1805年9月19日的日记中写道："同行者日渐消瘦，精神渐衰。因为粮食严重缺乏，我们每天吃的食物都很简单，马也渐渐体力不支。但是我们有一丝希望，不久可以离开荒山，因为我们已经发现离此地40英里的地方有一个山村或一处平原。我们发现此地的时候内心的快乐简直无法言表，就好像在海中遇过危险的人第一次发现盼望已久的大陆一样。"

他们爬过高山后，队长决定再次乘船由水路前进。虽然他们也知道前面有危险的急流，但管不了那么多了。他们将马匹暂放在印第安人那儿。他们共修造了5艘小船，由水路前行。

走了几天，他们驶进了哥伦比亚河，途中虽然经过几次危险，但他们仍继续前进。这一带的河流很凶险，甚至连印第安人都不敢轻易踏足。1805年9月15日，他们终于到达哥伦比亚河口，看到了太平洋。

帕特里克·加斯在日记里写道："我们现在到达了目的地，此次探险已经完全满足我们出发的本意了。我们的本意就是经密苏里河与哥伦比亚河到太平洋去。我们在途中受的很多艰难困苦是值得的。"

他们在哥伦比亚河口附近的科鲁特索普城堡过冬，于1806年 3 月23日动身返程。他们过山后分为两队，一队随刘易斯去探察玛丽亚斯河，一队随克拉克去探察黄石河。这两队探险家于1806年 8 月间在黄石河与密苏里河交界处相遇了，于是一同前往探险

◇**古老的美国铁路运输**
行驶在铁路上的老式蒸汽火车。美国的铁路运输始于1828年。火车的使用极大地便利了交通运输，铁路的修筑为美国的经济繁荣做出了重要的贡献。

的出发地——圣路易。1806年 9 月23日，探险队回到了圣路易。

刘易斯与威廉·克拉克的功劳就是对美国西北部进行了开辟。他们对这个区域的情况进行了较为详细的记录，这些记录对后来的探险家有很大的帮助。就连美国北部的铁路都是按照他们所走的道路修筑的。当英、美两国发生关于俄勒冈界线的争端时，美国政府找到的重要依据都是从他们的探险记录中得出的。

第六章
派克的探险

西布伦·蒙哥马利·派克的父亲是一名军官。派克年幼时，父亲给他讲
了很多关于美国革命的故事，因此他很想成为一名军人。1794年，在15岁的时
候，派克离开宾夕法尼亚的乡村学校，来到父亲所在的部队充当陆军学生。他
成绩十分优秀，20岁就当了把旗士兵，随后升任副官，后来又升任队长。

刘易斯与克拉克动身到西北去后不久，政府就差遣派克带领一个探险队去
探寻密西西比河的发源地。他很喜欢这类到北方去的机会，因为当时威斯康星
州以北的地区还没有白种人的踪迹，甚至连加拿大西北兽皮公司的商人也没有
去过那里。派克此次探险还有另外一个目的，即在密西西比河沿岸探寻几个适
宜的地方作为美国军队的驻地。

派克于1805年8月9日从圣路易动身，与其同行的还有17个士兵、2个下
士、1个连长。派克不久就发现他不仅是他们的首领，还要充当"测量学家、
天文学家、司令、秘书、侦探、向导和猎人"。

派克在其日记中对沿途的困难记录得很详细。离开圣路易一星期后，他在
日记里写道："我们上船很早，不料船系在一根木头上了，我们用了各种方法
都无法解开绳索，直到11点以后，我们在毫无办法的情况下只好把水中的木头
砍断。"

其后不久他们又遭遇了危险：

"当我们经过一片沙滩的时候，船撞到了一根水底的木头。当时我们并不知道船被撞坏了，过了一些时候我们才发现船已经在下沉。我们立即用麻绳塞住漏点，把船驶到沙滩上，又将船上所有的货物搬下来，卸下那片被撞破的船板，另外换上一块新的船板。"

1805年10月16日，探险队到了一个地方，离圣安东尼瀑布或现在的明尼安纳波利斯有110英里的路程，此时行进已经十分困难了，派克决定在那里修筑一个木寨，让7个人留下过冬，其余的人随着他乘小船继续前进。

他们在那里修建茅屋，造了小船，共耽搁了一个星期。他们本打算1805年10月28日动身，不料那只装载军火和行李的小船忽然沉没，行程又被耽搁了很久。派克在日记里写道："因为遭到不幸的事故，且由于小船太小，我们不得不另外修一艘新船。我把所有的枪弹都铺在绒毯上，周围烧着火。当时谁都无法计算这次的损失有多大，只能尽力挽救这些离文明社会有1 500英里的人们的生命。他们已经失去了用来自卫的武器。"

◇**美丽的沙滩**

沙滩是由沙子淤积形成的水边的陆地或水中高出水面的平地。世界共有十大著名海滩，分别为：澳大利亚黄金海岸、牙买加尼格瑞尔海滩、墨西哥的坎克恩海滩、斐济主岛海滩、泰国的普吉海滩、菲律宾的博龙岸海滩、加那利群岛海滩、佛罗里达的南部海滩、夏威夷海滩和巴西里约热内卢海滩。

他们直到1805年12月初才动身。在此后的 8 个星期里，他们乘着小船同河里的冰雪奋力搏斗。1806年 2 月 1 日，他们到达拉桑苏湖（即现在的水蛭湖）。派克说："这里就是密西西比河的主要发源地，此刻我难以表达对此次探险成功的感想。"过了几年人们才知道派克的说法是错误的——密西西比河的真正发源地不是水蛭湖，而是水蛭湖以西25英里的艾塔斯卡湖。

派克在那里同印第安人居住了几个星期，尽力与他们交好，目的是阻止英国人的势力渗透。其后他就动身回南部，1806年 3 月 5 日回到了木寨。

他们在木寨那里又耽搁了很长时间——河水全都结了冰，等到冰雪融化以后他们才能动身回去。1806年 4 月30日，他们终于回到了圣路易。

派克并没有认真地学过地图的绘制方法，但我们一定承认他绘制的密西西比河地图十分精确，在他后来出版的探险日记里有很多重要的知识。

　　派克回来 2 个月以后，政府又派他去做第二次探险。这次他从密苏里河前往奥萨格河，再由堪萨斯州进入阿肯色河，直到普韦布洛为止。他从普韦布洛走到了一座高山，他说："我上山的目的就是要在山顶上探察那里的地势。"他走了一天半才到达蓝山，蓝山这个名字是他自己取的。派克并没有真正走到山顶，因为他走错了路，走到晒延山上去了。

　　他从晒延山继续前行，来到现在的科罗拉多州。随后他又往南来到墨西哥境内，他和从人都被西班牙人掳去了。过了几个月，西班牙人才将他们放回美国。

　　派克最著名的发现是派克峰，但是1840年以后它才改用这个名字。以前那座山叫詹姆斯，命名目的是纪念埃德温·詹姆斯博士——1820年詹姆斯博士到过这个地方，后来派克到达这个区域后，将那座山改名为派克峰。

第七章
俄勒冈区域的制图

◇**里约热内卢鸟瞰图**

里约热内卢意即一月的河，有时简称为里约，位于巴西东南部沿海地区，曾经是巴西及葡萄牙帝国的首都。里约热内卢是世界三大天然良港之一，不仅是巴西乃至南美洲的重要门户，也是巴西及南美洲经济最发达的地区之一。

　　1818年，20岁的查尔斯·威尔克斯在美国海军当士官候补生。他的成绩特别棒，因此当国会提议进行环球探险的时候，政府就派他带领由 6 艘海船组成的舰队开展探险工作。

　　1838 年 8 月18日，威尔克斯从弗吉尼亚州的诺福克动身，来到马德拉群岛和佛得角群岛。其后他又游历了里约热内卢、提厄刺得翡哥、智利、秘鲁、萨摩亚群岛等地。他从澳大利亚的悉尼来到南冰洋，发现了他所谓的"南冰洋大陆"，然后来到美国的西北海岸。

当时加利福尼亚州北部与现在加拿大不列颠哥伦比亚省之间的地方称为俄勒冈区域。英美两国政府曾经为了这个区域争执过多次，直到1818年两国才决定共同占领此地。

1838年4月28日，威尔克斯到了哥伦比亚河口的沙滩，他在日记里写道："到过这里的人时常说起这里荒凉的景致和不停的流水声，把它当成最可怕的景象。"

因为无法穿过这个沙滩，威尔克斯便北上到胡安·德·富卡海峡，进而来到普吉湾。他在这里准备对俄勒冈地区做一次相当详细的考察。

这些到内陆去的人沿途所需的物品很不容易准备。马匹和向导都要从印第安人那里雇用，行李必须放在合适的位置，使牲畜易于负担。马的鞍缰不耐用，有些人不用鞍缰，有些人用最劣质的鞍缰。其中最困难的是他们中的多数人不会骑马。

他们分成几队前进。一队从喀斯喀特山脉到哥伦比亚河，然后由哥伦比亚河到瓦拉瓦拉，再由亚基马河回来。第二队随威尔克斯往南由考利茨河到哥伦比亚，由哥伦比亚河与瓦拉瓦拉河经威拉米特河谷回来。除了这两支走陆路的队伍外，查尔斯·威尔克斯又派了两队人由水路去测量阿德默勒尔蒂湾和普吉湾。

威尔克斯回到海岸时，得知他派出的其中一艘船在哥伦比亚河口遇到了危险。他立刻动身前往阿斯托里亚，即哥伦比亚河口。他在那里找到了遇险的船员，又买了一艘新船。

他测量完哥伦比亚河后又将俄勒冈区域测量了一遍。这些测量俄勒冈区域的人是经由陆路从温哥华来到加利福尼亚州的，他们沿途又将萨克拉门托河测量了大部分。其余的人都经由海路来到尤巴布埃纳，同时那些走陆路探险的人也回到了这里。尤巴布埃纳后来发展成旧金山。当时，那里只有一家哈德逊湾公司分店、一家商店、一家饮食店和一个铁匠店，以及几座小房屋。

1841年11月1日，探险队全体队员从旧金山海湾动身前往亚洲。他们游历

◇俄勒冈断顶山

俄勒冈州是美国西北部太平洋沿岸一州，西濒太平洋。州名与州内最大的河流同名，源于印第安语，是西部之意。另一种说法是，州名来源于一位名叫"Ouragan"的法国猎人的名字。俄勒冈州多山，缺少平原。

了马尼拉和新加坡，沿途做了很多重要的考察，然后由好望角驶回北美洲。1824年6月10日，威尔克斯回到纽约。

他这项耗时3年零10个月的探险工作为美国的商业尤其是太平洋的商业提供了宝贵的资料，但是美国人民对威尔克斯最满意的还是其对俄勒冈区域的测量。此后迁居到那儿的人日益增多，威尔克斯绘制的地图极大地促进了开辟美洲的步伐。

◎ **章首语**

　　从前，蒙大拿州的矿工常说一些奇怪的故事，他们说南方的一个山谷里有沸泉，当时的人都不相信。直到后来，探险家来到山谷探察时才知道那里不仅有沸泉，还有很多让人惊异的东西。

第八章
对黄石河秘密的探察

◇ **天然钻石镶嵌金伯利岩**

　　"钻石"一词出自希腊语Adamas，意思是坚硬、不可驯服。钻石号称"宝石之王"，是世界上公认的最珍贵的宝石，也是最受人们喜爱的宝石之一。钻石是指经过琢磨的金刚石，是在地球深处高压、高温条件下形成的一种由碳（C）元素构成、具有立方结构的天然白色晶体。钻石被视为勇敢、权力、地位的象征，也有人把它看成爱情和忠贞的象征。

　　在1806年探险回程的时候，克拉克曾经到黄石河探察过一遍。但是那次他并没有到达黄石河的上游，也没有到过黄石湖，因此并未发现这个充满奇迹的区域。

　　直到后来，一些人在现在的蒙大拿州西部探寻金矿的时候听到了一种说法，说黄石河上游一带有很多燃烧着大火的平原、奔流的瀑布和大湖等奇景。
詹姆斯·理查德森在他的《黄石河奇迹》一书中写道：

"一些人对这些奇迹的发现还不满意，于是又发挥他们的想象，因此《天方夜谭》中的金银谷出现了。据报告，那里有一个探险队因被印第安人追逐而逃走，借助山上一块很大的钻石发出的强光，连续走了几昼夜。还有一件更惊人的事：那里有一个山谷，无论什么东西到了里面都会立刻变成石头。所以那里现在站着很多石化的山兔、母鸡和印第安人，如同人工制造的石像一般。变成化石的茅草上结了成千上万的钻石、红宝石、绿宝石、翡翠，以及不知什么种类的核桃大小的珠玉。"

当时还有许多类似的报告。1859年，美国政府派遣雷诺兹上校去探察黄石河沿岸。可是这个探险队无法进入其流域，因为在河的西面有一座石山阻挡。他们又转到东面，但同样无法进去，因为虽然当时已是 6 月份，河的东面还有一座雪山阻挡。假如他们肯等一段时间，山上的雪必定会融化，但是雷诺兹上校立刻动身回来了，同时带回很多奇异的故事。这些故事是两个到过黄石河的人对他讲的。他在写给政府的报告里面说道："我认为黄石河上游是美国未开辟区域中最有趣的地方。"

10年以后，曾有两个人到过黄石河，但是这两个人的探险记录从未出版过。1870年，蒙大拿州组织了一个探险队到黄石河去探险，由沃什伯恩将军统率。他们中间有一个同行的人，名叫 N. P. 隆福德，他的游记出版以后，人们对这个现在的热门景点才有了确切的认识。

这个由19人组成的蒙大拿小探险队沿着黄石河前进的时候，时刻都要防备印第安人的袭击。有一天晚上，一匹马弄断了缰绳在棚里乱跳，人们被惊醒了，以为有敌人来袭，于是都拿起枪，做好迎战的准备。但是沿途并没有人攻击他们。

探险队走过那座纪念沃什伯恩将军的沃什伯恩山后来到了一个山谷，在这里他们惊讶地发现了沸泉。

黄石河岸的大石峡又令他们大吃一惊。两个探险家历尽千辛万苦从1 000多英尺高的石峡上走到河边。他们上山时更是困难重重。隆福德说："他们敏捷地攀爬，神经已经紧张到极点，终于爬到崖顶上一个安全的地方。"

他们继续前进，走过了黄石河的瀑布以及现在一些游历家所说的那些奇迹

之所。当时的旅行要比现在困难得多。他们走过危岩，迈过倒在地上的树木，跨过悬崖峭壁，沿途无法预知会遇到什么危险。有一次，一个同伴经过一个沸泉时，脚下的地皮突然裂开了。同伴立刻警告他，他才躺在一块比较坚固的地块上，拼命地滚到一个安全的地方。

他们经过沸泉区域时，对那些奇异的景致感到十分惊讶。他们发现了著名的老忠实间歇泉和其他大小不同的沸泉，并且都给它们取了名字。关于被命名为巨泉的那个沸泉，隆福德说：

"它就像一种很厉害的皮筋一样，能跃到60尺高，我们躲都躲不了。随即这个泉顶上又跃出五六个支泉，这些支泉直径小的有６英寸，大的有15英寸，它们能跃到250英尺高。巨泉的喷发能持续20分钟之久。这是我们所见的最美丽、最壮观的景致。我们在这个山谷里逗留了22个小时，这种沸泉涌出过两次。"

　　此次探险，他们在路上只遇到过一次大祸。有一天，同行的探险家杜鲁门·C. 埃弗茨忽然失踪了。他骑着一匹好马，鞍上还系着一支枪、一个捕鱼器、绒毯、火柴及其他用品，他并没有受到什么惊吓，朋友们对他的失踪都觉得很离奇。

　　他失踪的第一晚倒是平安地度过了，第二天早晨他就到处寻找道路。他下马仔细地考察前面的一条小路时，草丛中发出一种怪声，把他的马吓跑了。他找了很久，始终没找到路，马也下落不明。他身上所有的东西最后只剩两把小刀和一架望远镜。

　　杜鲁门·C. 埃弗茨徘徊了几天，不仅要忍受饥寒之苦，还要遭受野兽的侵扰。但是他所受的痛苦远不止如此，他把两把小刀不慎弄丢了，只好把皮带扣磨尖了当刀用。用火的时候，他就把望远镜的镜片当作生火工具。衣服破了，他把手巾搓成线条来缝补。一天晚上，他帐中的火把树林烧着了，他在逃命的时候把自造的器具全都弄丢了。

　　他在旷野中彷徨了37天，始终没看见半个人影，最后沃什伯恩派出寻找他的两个人将他找到。被发现时，他已经筋疲力竭了。

　　1871年，政府又派遣约翰·W. 巴洛上校到黄石河上游去做更加彻底的测量，结果绘成了黄石河的第一张精确地图。

　　随后美国政府就将这个区域从邻近的区域中划分出来，把它改为黄石国家公园。

第九章
伊威斯与科罗拉多河下游

派克从西部探险回来以后就相信，要想去加利福尼亚州最好从阿肯色河动身，来到它的发源地，再由那里到科罗拉多河，一直来到它的出口（即加利福尼亚海湾）。但是他还不知道科罗拉多河中有很多石峡，船经过石峡时很难避免危险的发生。

◇**科罗拉多河**

科罗拉多河位于美国西南方、墨西哥西北方，长约2 333千米。科罗拉多河整个河系大部分流入加利福尼亚湾，是加利福尼亚州淡水的主要来源。

直到后来，才有其他探险家带回许多关于此地的故事。他们说这些石峡阻隔了道路。1857年，政府派遣了一个探险队去探察科罗拉多河，其中的首领名

◇旧金山

19世纪时的旧金山市政厅。旧金山，又译"三藩市""圣弗朗西斯科"，是美国加利福尼亚州太平洋沿岸港口城市，被誉为"最受美国人欢迎的城市"。1769年，西班牙人发现此地，1848年加入美国。19世纪中叶，旧金山在淘金热中迅速发展，华侨称之为"金山"，后为区别于澳大利亚的墨尔本，改称"旧金山"。

叫 J. C. 伊威斯。伊威斯的使命是考察将汽船作为运输船只时最远可以到达什么地方，探察这条道路是否方便通行，派人在这条路上将货物运输到现在的犹他州中的各个要塞。

为了方便伊威斯探险，政府造了一艘铁船并运到了旧金山，再由旧金山运到科罗拉多河口的鲁滨逊码头。他们因动身之前做的准备工作耽搁了很多天——整理铁船时遇到了很多困难。那里的河岸太高了，没有合适的地方整理船只。他们想出一个办法，在堤上挖一个50尺长、14尺宽、4～5尺深的大坑，把船放到坑里，当潮水来的时候船就可以离开河岸了。这项工作费时很久，河岸的土很软且带胶质，挖土的锹铲上时常沾满泥土。他们把从土中找到的朽木铺在船底下。两三个人推着一根朽木，把它运到船边，在他们推木头时，泥水没过了膝部。

各项工作准备就绪后，他们忽然发现汽船的机器生锈了，原因是船在路上运输的时间太长了。此外，船中的汽锅很大，船身还要整理得再坚固一些。除了这些困难外，他们每个星期还要派两个人花一天的时间为船中的人提供清洁的饮水。

最后，这艘探险用的铁船终于整理完备。伊威斯说："船身共计54英尺长，船上的空地完全没有顶棚，像艘小艇，汽锅占全船空地的1/3。船头有一个很小的甲板，其上放着短炮等兵器。舵轮的前面有一个甲板，能容下一个舵工和几个测量员。甲板下面是一个长8尺、宽9尺的小舱。"

◇印有汽船的旧船票

　　汽船是以蒸汽为动力、蒸汽机驱动的轮船，主要有螺旋桨和明轮驱动两种。它最早成功试航于19世纪初，是工业革命的产物。蒸汽机发明后，人们将蒸汽作为动力，代替人力带动桨轮，沿用了100多年。

　　1857年12月31日，他们开始溯科罗拉多河而上，但头两天这艘奇怪的汽船只走了31英里。他们走了9天才到达由马要塞，从此地再往前进，行船就很困难了。

　　他们每天都要尝试很多新航线。有时河中的泥沙把船完全搁浅，于是水手要用很长时间才能把船重新推到深水中去。有时船舵又坏了，他们又要费好大工夫把船拖到岸上去，另外修造一个新舵。为了使它渡过旋涡或应对潮水，有时水手还要上岸用缆绳拖着船走。

　　这艘奇异的汽船溯河而行，引起了沿河居住的莫哈夫印第安人的注意，有时他们跟着船走很远的路。在船头探水的人的动作时常引起印第安儿童的嘲笑。他每次报告水流深浅的声音，岸上的儿童们都模仿得惟妙惟肖。

　　探险船缓慢地前行，经过很多石峡和石洞，两岸的堤渐渐增高，头顶上的青天似乎嵌在岩石上。人们在石缝里时常发现一些木头，这表明涨水的时候河面是很高的。

　　后来船行驶到了黑峡，黑峡距离科罗拉多河转向东流的地方及维琴河与科罗拉多河交汇的地方不远，此时伊威斯坚信船已经不能继续前行了。汽船在这儿撞到了河里的一块岩石，几个水手随即下水去修理，伊威斯独自一人乘坐一

◇美国联合太平洋铁路

美国联合太平洋铁路沿线的高架桥素描画。联合太平洋公司是1862年7月1日建立的，控制着3个子公司，横跨美国中西部，领导着美国的运输业，在美国西部和加拿大、墨西哥长达36 000英里的铁路线上运输货物。

艘小艇去探险了。他在给政府的报告中说，他相信货物可以经由这条道路运输，到了前面再运到盐湖城。

1858年3月，探险船驶回由马要塞，伊威斯在回程前还到东部各处石峡游历了一遍。

过了几年，联合太平洋铁路修竣，从此美国东部到西部就可以通行了，伊威斯走的那条路对旅行或运输都没有太大的意义了。现在只有一些游历科罗拉多河及北方支流名胜的人还利用这条道路通行。

第十章
约翰·卫斯理·鲍威尔少校与科罗拉多河

1868年时，除阿拉斯加外美国领土几乎都被开发完了，但是还是有几个没被开发的区域，即科罗拉多河以及附近的犹他州南部、亚利桑那州北部区域。

虽然早在1540年，西班牙人就发现了这条河，但是直到300年后，一些探险家才冒险到河中去探察。这条河及其支流所灌溉的区域有30万平方英里，沿途还要经过许多石峡。怀俄明州的绿河城——即绿河沿岸的一座城市——与大石峡之间总共有14个石峡，这些石峡长短深浅各不相同，长者达217英里，短者8英里；深者约227英里，浅者约1.14英里。其中有两个石峡——大理石峡谷和大石峡——连成一条长达280多英里的山峡。

1868年，美国陆军部绘制了一张科罗拉多河区域的地图，其上还是有一个很大的空白区域。这个空白区域是一个400英里长、50英里宽的区域。甚至一些敢于冒险的探险家都不敢前去探察这些历经千万年急流的洗礼而形成的石峡。

第一次探察那些科罗拉多河中石峡的人是一个只有一只手的人，他就是约翰·卫斯理·鲍威尔少校。1869年5月24日，他带领9个人从怀俄明州的绿河城出发，乘坐4艘船经绿河中的石峡来到科罗拉多河中的石峡。这4艘船构造极为特别，是专门用来在岩石和急流中探险的。关于它们的构造，鲍威尔少校

◇大理石峡谷

　　大理石峡谷是美国亚利桑那州北部科罗拉多河流经的一个峡谷，峡谷内有著名的纳瓦霍桥。大理石峡谷一词实际上是错误的，因为此处根本不产大理石。命名人鲍威尔看到此处的石灰石岩层极似大理石，所以就取了这个名字。

说得很详细：

　　"4 艘船中有 3 艘是用橡木制成的，坚固而平稳；船身、船肋都是 2 层，船柱也很坚固，再加上有很厚实的船舱挡板，将全船隔开分为 3 部分。船头与船尾都有甲板，形成两个不透水的船舱。当波浪打过船顶的时候，船不至于下沉。第四艘船是用松木制造的，船身很轻，高16英尺，船头呈尖形。船中的小艇只有21英尺长，空船只要 4 个人就可以搬运。"

　　当地的印第安居民告诉他们不能在石峡中行进，如果执意前去，波浪很有可能会要了他们的命。有一个年老的印第安人说族中一个人曾经冒险走过石峡，回来后，他高举两手，两眼朝上对着天说："岩石不知有多高，水流不知有多响；马驹、小鹿等都被巨浪捉住，一瞬间就看不见了——它们不动了，也不叫了。"但是鲍威尔少校决不因此而萌生退意。

当他们来到犹他州绿河中的矿脉峡谷时，第一次灾难发生了。一艘船在旋涡中撞到一块岩石，带着这块已经嵌入船身的岩石又撞到了另一块岩石上，船身断成两截。全船的人都掉进水里，随后爬到一截破船上，他们才没有被淹死。因为船舱是不透水的，所以这截船身还是在水面上漂浮着。不料这半截船到了一个旋涡里，水里的石头把它打成碎片，这些人漂了很远，最后同行的人才费尽力气把他们救了上来。

他们后来又经历了很多间不容发的危险，终于从大理石峡谷来到大石峡。因为沿途损失了很多粮食，他们此时的粮食只够吃 1 个月的，而且很多都已经不新鲜了。鲍威尔少校在1869年 8 月13日的日记里写道：

"我们现在离地面有 3 / 4 英里的距离。这条大河越往前，河面越窄，波浪越凶，两岸都是峭壁。在峭壁下，河里的波浪似乎只是小小的旋涡，我们的身体就像小小的石块在满是沙石的旷野中出没一样。"

"我们还有很长的路没有走，有一条很大的河流还没有考察。我们并不知道前面有什么瀑布，河中有什么岩石在阻挡。同船的人还是和平常一样嬉笑交谈，我觉得这种嬉笑只令人感到黑暗，这种谈话只令人感到恐怖。石峡已增至 1 英里深了，河中的急流和岩石明显增多了，我们的船仍在和水中的顽石抗争。"

他们来到石峡中一个地方，离现在旅行家常到的光明天使小径不远。此时他们只剩下够吃10天的粮食了，并且还都是正在朽坏的粮食。幸好他们在一个石峡的山谷里找到了一个印第安人的菜园。园中的粮食还未成熟，他们只好吃些青色的南瓜。在如此困苦的处境中，有这种食物吃已经很不错了。

鲍威尔少校在日记里写道："我们平生所吃的南瓜，都没有这偷来的南瓜味道甘美。"

8 月28日，他们中的 3 个人担心此生不能走到大石峡的尽头，就力劝鲍威尔少校跨过犹他方面的石峡去寻找可通行的道路。但是鲍威尔少校认为既然选择了走这条路，就不能半途而废。那 3 个人脱离队伍独自过峡去了。他们走的时候想分一点粮食，不过鲍威尔少校只发给了他们 2 把手枪、 1 只射弹铳。他们过山以后来到一个高原后不久就被印第安人杀害了，印第安人认为他们就是曾经虐待印第安人的矿主。他们坚决不相信这 3 个人是由水路来到科罗拉多河的，因为他们觉得那条河中根本不能行船。

第二天，探险队走出了大石峡。他们靠勇敢和耐力达到了目标，这种目标是前人认为无法实现的。他们继续向着科罗拉多河下游前进，不久就到达了维基河口。在那里，摩尔蒙人给了他们很多粮食。从此处前往下游的那条水路，伊威斯和其他人已经走过了。至此，科罗拉多河已被人类探察完毕。

在其后的几年中，鲍威尔少校又来到大石峡探险过多次，目的在于获得更精确的信息，绘制一张更为详细的地图。当时并没有人彻底地将这些石峡探

◇大峡谷国家公园

大峡谷国家公园又称科罗拉多大峡谷，位于美国亚利桑那州西北部，科罗拉多高原西南部，占地1 904平方千米，建立于1919年。大峡谷国家公园大体呈东西走向，全长350千米。两岸北高南低，最大谷深1 500多米。谷底宽度不足1 000米，最窄处仅120米，科罗拉多河从谷底流过。

察过。

　　这一区域交通极为不便，人们一度对它没有产生太大的兴趣，所以虽然西奥多·罗斯福总统在1909年就把它定为国家纪念地，但是直到1919年，美国政府才将它正式改名为大峡谷国家公园。同年鲍威尔少校游历过的维基河上的苗根都威帕石峡的一大部分也划归宰恩国家公园。现在这个美丽的区域已经有了铁路，旅行起来便利多了。

◎**章首语**

　　美国地理学会派出的阿拉斯加探险队为美国的科学家和旅行家开辟了一个新的区域。

第十一章
阿拉斯加探险

　　阿拉斯加半岛是阿拉斯加陆地伸出的一条狭窄的陆地，方向是对着阿留申群岛的。1912年，这个半岛尽头的阿拉斯加卡特迈火山爆发过一次，引起了美国人极大的兴趣。美国国家地理学会派了一队人前去研究这座火山。

　　1915年和1916年，罗伯特·F. 格里格斯博士到那里进行过探险。1917年，他又带领19人前往那里探险，目的在于完成前几次未完成的探险工作；同时他又把这个火山四周的区域测量了一遍，以绘制一张完整的地图。工作结束后，格里格斯博士绘成了一张该地区400平方英里区域的详细地图，发现这是一个奇妙的区域。

　　格里格斯还要在那里等待一个晴天，以便测量火山口。他曾在火山上游历过一次，当时对火山口的情况已经做了大致的推测。可是当他实际测量火山口以后，才知道它的面积大得超乎想象：火山口的周长有 8.4 英里，火山口到底部最深处的距离达 0.7 英里。

　　格里格斯用了比较法来说明火山口的大小。他说，1912年它喷发时所喷出的熔岩总计约84亿立方米，换句话说，它所喷出熔岩的总量是开通巴拿马运河时挖出的泥石的40倍。它的火山口可以容纳900兆兆加仑的水，可满足纽约城全部人口 4.5 年的用水需求。如果把纽约所有的房屋都放进火山口，其剩余的地方还是檀香山岛的基拉韦厄火山口的 2 倍。

　　这支探险队还游历了马丁山和麦基山两座火山，但是因为天气不好，所以没有做细致的考察。在麦基山附近，他们游历了著名的麦基石流。它是从前两座火山爆发时流出的一种石与沙的积合体，在山谷中形成了一个河流式的曲折。

　　他们在麦基石流以北的万烟谷做了很精细的测量及很多科学研究。那里的地面和岩石间散发出无数烟雾，因此得名。那些烟是地下的岩浆发出的，岩浆化为烟，就不会爆裂了，所以它们的出现实际上释放了一种安全的信号。

　　在那里，探险家们可以用烟做饭，不用烧火。山谷里气候十分暖和。当人们把温度计放在土里，读数立刻升至沸点。

　　格里格斯认为万烟谷具有傲视群雄的景

◇**火山爆发**

　　火山是一种常见的地貌形态。在地壳之下100至150千米处有一个液态区，区内存在着高温、高压下含气体挥发成分的熔融状硅酸盐物质——岩浆。一旦它从地壳薄弱的地段冲出地表，就形成了火山。火山分为活火山、死火山和休眠火山三种。

◇万烟谷

　　阿拉斯加卡特迈国家公园中的万烟谷和莱特河。万烟谷是北美洲火山胜景，位于美国阿拉斯加州西南阿拉斯加半岛北部的卡特迈火山附近。

　　致。他说："尼亚加拉瀑布和维多利亚瀑布互相竞争。新西兰的罗托鲁瓦区域是黄石河的竞争者。卡特迈的喷火口一定能与檀香山岛的火山和火山湖竞争。但万烟谷是一个天下独一无二的存在（就是与它相似的东西，人类都还未见过）。即使有人将全世界所有的火山全部挤在一处，除非它们正处在最危险的爆发期，否则它们的景致也远远比不上万烟谷壮观。"

　　1918年，美国政府将阿拉斯加卡特迈火山划为美国国家历史遗迹。

第八编
对南北两极的探寻

Real Stories of the Geography

第一章
凯恩——北冰洋中的英雄

"不要打他，他年龄太小。打我吧！"

费列得尔菲亚一个小学的教师责罚一个 7 岁儿童的时候，忽然有一个 9 岁的儿童这样说道。教师听到这几句话更生气了，其结果是这两个儿童都受到了责罚。

这个 9 岁的儿童名叫以利沙·肯特·凯恩，他自从受命看管弟弟以来，每当弟弟受侮辱的时候都要袒护他。

凯恩年幼时即具备的这种勇敢的精神，使他后来成为世界上著名的探险家之一。1830年，凯恩只有10岁，想要爬到费列得尔菲亚家中那个16英尺高的烟囱顶上去。等家人熟睡以后，凯恩和弟弟偷偷地翻过卧房的窗户，来到厨房的屋顶。凯恩把白天藏好的农用麻绳拿了出来，一头系在房顶上，另一头系着一个石块。他拿起石块抛了几次，最后才把石块成功抛到烟囱里，连着绳子一齐从烟囱坠入底下的火炉中。他从屋顶的天窗爬到了楼下的厨房里，再把炉里绳子的那一头系紧，又立刻回到房顶，双手攀着麻绳，双脚环抱住烟囱，最后居然真的爬到烟囱顶上去了。他在烟囱顶上坐了一会儿，欣赏着农场的夜景。他此时最得意的事就是，他这次克服险阻的行为是多数儿童都认为不可能做到的。

后来他又克服了很多其他困难。他不大喜欢读书，最喜欢骑马、爬树、攀

◇**波斯壁画**

波斯壁画是中世纪的缩影。波斯是伊朗的古名，历史上在西亚、中亚、南亚地区曾建立过多个帝国，如阿契美尼德王朝、萨珊王朝、萨法维帝国等，极盛时是第一个地跨亚、欧、非三洲的大帝国。

山等运动，但是父亲希望他成为一个有学问的人，他不得不用功读书。求学对他来说是最困难的事，但是他仍然很努力，16岁就考上了大学。

他在弗吉尼亚大学时因病休学。他对自己的生命曾经一度灰心失望——医生说他或许可以再活1个月，或者能活1年，只能活1天也说不定。

凯恩虽然有病，但他想成就一番事业的决心还是同他幼时想爬到烟囱顶上的决心一样坚定。父亲对他说："如果你要死，就必须死在马鞍上。"于是他进了一所医科大学，学习成绩非常优秀。他的毕业论文使他在欧洲医学界享有盛名。

他在海军担任医生时，曾到中国和菲律宾群岛游历过，由此可知他对冒险事业多么感兴趣。回程时，他又沿途游历了印度、波斯、埃及和一些欧洲国家。

他在埃及进行过一次冒险，看到这个冒险故事您就能回想起他小时候上烟囱的故事。有一天，他去游览尼罗河岸卢克索对面著名的曼农巨像，看见离地面20英尺的地方，石像的膝盖上有一块方石，就决定去看看石头上有没有重要的文字。

后来为凯恩作传的老威廉写道："要想达到目的，唯一的方法是从石像

◇曼农巨像

曼农巨像是古埃及著名历史遗迹，矗立在尼罗河西岸和帝王谷之间的原野上。人们认为石像是希腊神话中的曼农，故取名为曼农巨像。

的两腿间爬上去，以前他从来没有做过这种工作，现在正好试一试。那个石像的腿肚直径几乎有4.5英尺，圆周有13英尺，就这样爬上去简直是不可能的事。从地面爬到石像的膝部只有一个办法，就是用背部抵住一个石腿，两脚抵住对面那只石腿，这样支撑着上去。同伴们都反对他这样做，说这是不可能的事。他试了几次都失败了，但是最后他竟然成功了。"

他爬上去以后以为在方石下面休息片刻就能观察到刻字，不料他休息的地方并不合适，还是看不见上面的字。现在他既不能上去又不能下来，除了尽力支撑外别无他法，同时他发现石块下面并没有刻什么字，心里更不舒服了。后来他的同伴叫来一个阿拉伯人，阿拉伯人随即从石像后爬到方石上，把腰带的一头扔给了凯恩。凯恩这才平安地下来。

在埃及的探险结束后，凯恩又奉命到非洲西海岸去。他从非洲回到墨西哥时正处于战争时期，他随即又去军队服务。他在非洲得了热病，身体特别虚弱，可是他还是不愿意离开工作岗位。

凯恩的志向是，一边工作，一边实现冒险的愿望。这种志向不久以后居然实现了。1850年，政府派他到一个探险队中以医生和学者的双重身份到北冰洋区域去寻找约翰·富兰克林爵士的下落。富兰克林爵士自从1845年去大西洋和太平洋间探寻沟通两大洋的西北航道以后，就再没有任何消息。为了实现愿望，凯恩准备了20多年才开始从事探险工作。

他在冰山中几个月的劳苦工作与照顾从人的精神令人敬佩。他们围绕兰帕特里克·加斯海峡探察一周，没有发现一点富兰克林爵士的踪迹。他在回来的时候，船被冰山阻隔了几个月。在离开纽约16个月以后，他们终于安全返航。

◇ **海岸线的船只残骸**
探险船只的残骸。海上探险是极为危险的事业。

1853年，政府又派前进号出航，第二次探察约翰·富兰克林爵士的踪迹。此次探察行动由凯恩当司令官。凯恩除了寻找富兰克林爵士外，还要在北冰洋做进一步的探险。这支探险队从巴芬湾前面的史密斯海峡动身来到凯恩湾，从此这条路就成了很多北极探险家的航道了。凯恩派出几个雪橇队在环绕凯恩湾的格陵兰岛海岸探险。他发现了洪堡冰川，后来又来到北纬80°35′的地方。

前进号船在北纬78°45′处被冰山阻隔了几个月。为了取暖，他们把船上所有能用的木料都拿来烧了。1855年5月，凯恩决定抛弃这艘船，到离南方最近的乌佩尼维克去。他们乘着小船信仰号与狗力雪橇前进，在走过1200英里的路程后于1855年8月5日到达了目的地。只不过，有些人死在了路上。在那里他们遇见了政府派来的救兵，其首领是哈特斯坦副官，这些人沿途找了很久才遇见他们。

凯恩在北冰洋探险两次，先后开辟了几百平方英里的新土地，不仅美国政府，就连英国政府也采用他绘制的航海图。这个探险家在北冰洋所取得的成就比此前任何前往北冰洋的探险家的成就都要伟大得多。

第二章
皮尔里与北极

　　在16世纪以前，世人对北冰洋区域几乎一无所知，但是在那之后的400年里，许多探险家积极前往北冰洋探险，最后成功走到了北极。

　　去北冰洋探险的主要目的是探寻太平洋和大西洋间的西北航道。到了19世纪中叶，科学的发展和人们对地理知识的累积，使去北冰洋探险成为英美及北欧诸国的探险家竞争的事业，他们都想在最北的地方建立新的殖民地。在这种竞争中最后的胜利者是美国探险家皮尔里。

　　15世纪末16世纪初，约翰·卡伯特和他的儿子塞巴斯提安把北美洲东岸沿海航行了个遍，但是他们究竟往北走了多远我们并不知道。1527年，约翰·鲁特从英国出发的探险是这方面我们所能获得的最早的信息。在北纬53°附近，约翰·鲁特前进的道路被冰山阻断，不得不返回。60年后，有一个叫约翰·戴维斯（戴维斯海峡的发现者）的人沿着格陵兰西岸来到北纬72°41′的地方；1607年，哈德逊沿着美洲东岸到过北纬80°23′的地方。1773年以前，这就是人所能到达的地球的最北方。但是在1773年，英国人J. C. 菲普斯到达了北纬80°48′的地方。

　　从此以后，人类向北前进的步伐更快了。1819年，英国人威廉姆·E. 帕立一直来到磁极以北的地方，他的指南针恰好指着正南方。8年后他又乘坐一种可以改为雪橇的船只，到达北纬82°45′的地方。直到1876年，英国人

A. H. 马坎才越过此地，到达北纬83°20′的地方。

　　皮尔里第一次向北极方向前进的时候，当时人所能到达的最北方是格陵兰岛附近的北纬83°24′的位置，即1882年美国人A. W. 格里利到过的地方。1895年，挪威的探险家南森在西伯利亚的北极区域到过北纬86°14′的地方；1901年，意大利人科格利又到过北纬86°34′的地方。

　　皮尔里第一次北极探险（1898—1902年）

◇戴维斯海峡处的冰山

　　格陵兰岛戴维斯海峡处的冰山。戴维斯海峡是巴芬岛和格陵兰岛之间的海峡，南接拉布拉多海，北连巴芬湾，南北长约650千米，东西宽325~450千米，平均水深约2000米。

◇**北极冰山**

日落时分，北极冰山的美丽景观。

所到的地方，离北极还有343英里。1905—1906年，他开始了第二次北极探险，此次探险到达了北纬87°6′的地方，此处离北极还有174英里。

他成功的日子不久就到来了。1908年7月6日，他乘坐上次所乘的船罗斯福号再次从纽约出发。出发之前，他根据上次的经验做了很多重要的准备工作。他在书中对这些计划进行了详细的记录，下面是其中几条最重要的记录：

（1）在冰山中将船推进到可能到达的最北的陆地处，便于我们第二年回来的时候乘坐；

（2）秋冬两季多猎些野兽，以保证我们后续有鲜肉的供给；

（3）多带些猎狗，即使在途中死去60%，剩下的还够我们使用；

（4）用公平的待遇和慷慨的赠品，使因纽特人信任我们；

（5）用一队自愿的、聪明的白种人统领各队的因纽特人；

（6）预先将一切必需品运到我们坐雪橇的出发地，使全体队员不至于缺乏用品；

（7）预先准备很多上等的雪橇；

（8）最重要的是：从北极回来时还走去时的原路，使用那些原有的雪地小屋，这样我们可以省很多时间和气力；

（9）最后还有一件同等重要的事：我们彼此间要有绝对的信任。

他们在1908年9月初到达雪莱顿角。从雪莱顿角到北极还有450英里的路程，他们必须坐雪橇前往，因为罗斯福号已经不能再往前走了。他们要等到春季才能动身，因为北冰洋的冬季是绝对不适合旅行的。他们在春季到来之前，派人坐雪橇将春季旅行的用品全部运到西北方离此地90英里的哥伦比亚海角，同时派了很多人到各地去打猎。

1909年2月，皮尔里动身前往北极。2月22日上午10点，他带着2个因纽特人、16条猎狗，乘着2辆雪橇出发了。当时的天气适合旅行。这天，雪下得很大，温度计上的温度已降至零下31℃。

他们中有6支小分队先出发前往目的地，皮尔里让他们几天以后在哥伦比亚海角同他会合。这6支小分队交替前进，沿途为后面的大队开道，等后面的人都到了，前面那个分队再出发，等到大家都来到最后的出发地以后，一齐直奔北极。这一方法使皮尔里这一队人不至于太疲倦。

沿途虽然有水流和其他的障碍，但皮尔里还是带领队伍奋勇前进。1909年

3 月底，他们已经越过了北纬87°。3 月28日，小屋外的一阵惊呼引起了皮尔里的注意。他发现屋外的冰不知何时裂开了一条缝，将他这一队人同助理巴特利特那一队人分开了。这个裂缝离一队猎狗只有 1 英尺远，那些猎狗差点掉进水里。巴特利特那队人已经身处一块流动的冰块上，但皮尔里这面的人没法踏上一个稳固的冰块。不久巴特利特的冰块漂到一块大冰旁，他们得以走上安全的冰面。

此时皮尔里将各个支队的首领都派了回去，让他们在后面等候他，将来一起到后面的船上去。1909年 3 月31日，最后一个支队的首领也回去了，于是皮尔里带着他这队人独自从北纬88°的地方向前进发。

在这最后几天富有刺激性的旅行中，皮尔里身边只有 4 个因纽特人和 1 个名叫马修·汉森的尼格罗人，这些人都是他自己挑选的。虽然气候极为寒冷，但他们前进的速度很快，1909 年 4 月 4 日一天就走了25英里的路程。1909年 4 月 6 日上午10点，他们在北纬89° 57′ 的地方休息。皮尔里说："虽然此处已经能望见北极，然而我绝不愿意继续这最后几步路，我实在太累了。"他不得不在那里暂时休息一下。

后来他说："随后我就走到北极了。这是人类300年努力的成果，这是我20年来的目标和梦想。胜利最终属于我！我简直不敢相信这就是北极。这未免太过普通、太过简单了。"

他站在地球的顶端，发出如下感想：

"东、西、北三个方向都看不见了，现在只有一方，就是南方。我们面前的风只有南风。这里，1 年只有 1 日 1 夜，100个日夜就是100年。假如我们在这里度过 6 个月的冬夜，就可以看见北半球各处星光围着天空，它们与地平线的距离都是相等的。"

皮尔里在北极停留了30个小时，其中大部分时间用来做测量方面的工作。他在一张明信片上给妻子写了几句话，后来将其带回美国。

　　　　亲爱的妻子：

　　　　最终，我还是胜利了！我到北极已有一天了，一小时内我将动身回家。祝儿女们平安！

　　　　　　　　　　　　　　　　　　4 月 7 日，于北纬90°

◇**美丽的北极光**

　　北极是指地球自转轴的北端，即北纬90°的那一点，终年寒冷。极光是太阳带电粒子流（太阳风）进入地球磁场后，在地球南北两极附近地区的高空，使高层大气分子或原子激发（或电离）而产生的灿烂美丽的光辉，在南极被称为南极光，在北极被称为北极光。极光的产生有三个不可或缺的条件，即大气、磁场和高能带电粒子。

　　他们回船的途中一切顺利。1909年 7 月18日，冰水里已经可以行船了，约翰·罗斯福号动身驶往纽约。

　　皮尔里对两极探险的未来提出如下意见：

　　"在不远的将来，南北两极的寒冷空气必定会受飞机发动机的影响，那时两极的秘密必会公之于众。"

第三章
罗尔德·阿蒙森与西北航道

◇**挪威北部一景**

挪威北部地区一位身着传统服饰的女人和一头驯鹿。

　　1889年5月30日，当弗里乔夫·南森驶进挪威的克里斯蒂亚尼亚峡湾的时候，有几千人在岸上欢迎他。他被视为英雄的原因是他最近在格陵兰岛上成功走过了岛上的冰岬。

　　在欢迎队伍里有一个名叫罗尔德·阿蒙森的17岁少年。他在很小的时候就爱听约翰·富兰克林爵士到北极探险的故事，立志做个探险家。那时的他心中只有一个念想：找到那条西北航道。

罗尔德·阿蒙森时常和母亲谈到这一想法，母亲总劝他等长大后再说。因此，他在家中静候了 5 年的时间。1894年，他在一艘捕捉海狗的船上当了一名海员，开展了第一次航海事业，此次航海使他获得了许多关于北冰洋的认知，因此他更想前去探寻西北航道。几年后他去了一次南冰洋，从此对地磁学产生了兴趣，决定在他原有目的之外勘定"磁极现在的位置"。

回到家以后，为了实现愿望，罗尔德·阿蒙森对地磁学做了很多研究。其后他又去拜访南森，征求他对这一计划的意见。罗尔德·阿蒙森说他自己的身躯比马克·吐温书中的人还小些，有点担心南森因此轻视他。其实他没有必要胆怯，因为南森不仅鼓励他前去做这项工作，还许诺给他金钱上的援助，为他准备沿途的用品和一艘海船。罗尔德·阿蒙森的兄弟们也给了他很大的帮助。

人类对西北航道的探寻始于16世纪。19世纪中叶，探险家做过很多重要的探寻工作。1829年，英国的约翰·罗斯和他的侄子詹姆斯·罗斯发现了威廉王岛，勘定了磁极的位置。1845年，约翰·富兰克林爵士探寻西北航道，到了离白令海很近的地方。不料他的船在威廉王岛以北遇险，探险队成员无一生还。

罗尔德·阿蒙森的目的是从大西洋到太平洋，这是此前的探险家未曾有过的创举。1903年6月16日，他乘坐约亚号从奥斯陆峡湾出发，同行者有 6 人。约亚号是一艘捕捉鲱鱼的渔船，长70英里，重47吨，船身虽然很小，但十分坚固。

出发后 2 个月，他们到达比奇岛。阿蒙森在那里发现了1852年寻找富兰克林爵士的人修造的小屋。房屋已经被熊毁坏了，但是里面还有一点煤和几双鞋底，虽然它们50年来没有被遮盖过，但还可以用。

有一天晚上，约亚号行驶到了北极附近，阿蒙森忽然听到惊呼声。他立刻走到甲板上看，这才发现机房的玻璃窗中冒出熊熊大火。他大叫："机房着火了，起火点附近有储油量2 200加仑的油箱！"无论什么时候，船上失火都是很危险的，更何况是在北冰洋的中心失火。阿蒙森在日记里写道：

"我们立刻行动起来。有一个人随即到机房去帮助维克，维克从着火后就在那儿忙活。这次失火是因为油箱上那个浸透了石油的抹布遇到了火星儿。第二天早晨我们收拾机房时才知道，我们之所以能够脱险，是因为起火的时候立

◇**白令海峡沿岸遗址**
白令海峡沿岸因纽特人定居点遗址上的鲸鱼肋骨。

刻让发动机熄了火。在失火前几分钟，利斯维特曾向我报告，说机房里有一个盛满油的油箱在漏油。我立刻让他把这箱油转入空箱。他立刻照办了。我们收拾机房时，发现那个漏油油箱的箱顶已经在火灾中损坏了。如果利斯维特没有立刻将里面的石油转入空箱，里面的石油会在机房里燃烧，后果不堪设想。这次救火利斯维特的功劳最大。"

　　1904年冬季，约亚号在北极以南的威廉王岛东南海岸的约亚港过冬。他们在1904年猎期开始之前乘坐雪橇来到北极，1905年春天他们派了 2 个人乘坐雪橇去绘制维多利亚岛东海岸地图。他们在约亚港做了地磁学方面的重要考察工作，这种考察对科学家和航海家同等重要。这些探险家在威廉王岛碰到了因纽特人，他们到这里来的目的是捕捉野兽。约亚号上的水手在 1 个月内很容易就捉到了100只熊。

　　1905年 8 月13日，他们从约亚港动身，去探寻西北航道。他们沿途经过加冕湾、海豚海峡和联合海峡，于1905年 8 月27日望见了查尔斯·汉森的一条捕

◇**地球磁场**

　　磁场是指传递实物间磁力作用的场，是一种看不见、摸不着的客观存在的物质。

鲸船。至此，阿蒙森探寻西北航道的梦想变成了现实。

　　之后，他们来到了位于麦肯基河口附近的赫舍尔岛，准备在那儿过冬。1905年10月30日，阿蒙森坐雪橇前往阿拉斯加的鹰城。1905年12月初他们到达后，阿蒙森立刻给家人拍了一封电报。

　　1906年夏天，约亚号平安到达白令海峡。1906年8月31日，当他们来到阿拉斯加时，受到当地人的热烈欢迎。阿蒙森说："我真不知道怎么来到海岸的，我只听到了1 000多人的欢呼声，黑暗中传来一声巨响，把我的眼泪都震出来了。这呼声是我们熟悉的音调——全国人民都欢迎你。"

　　这个挪威探险家的工作结束了，阿蒙森带了几个人乘坐2艘小船从大西洋来到了太平洋。受到南森鼓励的那个到北方去冒险的青年成功了。

第四章
对南极的探寻

从前，一些地理学家确信南方有一个"南冰洋大陆"，甚至还把"南冰洋大陆"的范围扩大到赤道附近。16世纪和17世纪，有很多探险家尽力探寻这个"第三世界"。直到1772年，库克还到南方之海探寻过。1773年1月，库克第一次跨过南冰洋区域。他最后到达了南纬71°10′的地方，但是在南纬60°以南始终没有发现人类足迹。

很多探险家证实了南冰洋区域内的确有一片大陆，它的面积共计500多万平方英里，海岸线至少有1.4万英里长。在这块广大陆地的四周都是冰岬，平均约2 000英尺高，其中有几座山峰高达1.5万英尺。地面的冰层有几处厚达2 000英尺。

对于一般的探险家而言，去南极极为艰难。直到1902年，在海军服役的罗伯特·F.斯科特才乘坐发现号船到达南纬82°17′的地方。斯科特的陆地终点是麦克麦多海峡，他在那里派了很多雪橇队去探求科学信息。在南冰洋区域内利用雪橇行进，斯科特是第一人。有一次在旅行途中，斯科特用19条狗拖着行李，启程时全部行李共重1 850磅，后来渐渐减少了，因为每天他们都要吃一部分粮食。

斯科特虽然没有直达南极，但是他在沿途测量了断崖，并发现了爱德华王子岛、罗斯岛、维多利亚山以及南极附近的冰岬。

◇南极大陆

南极大陆是地球上最后一个被发现的、唯一没有人定居的大陆。南极大陆的总面积约1 390万平方千米，大部分被巨大的冰盖覆盖，是世界上最高的大陆。南极大陆蕴藏的矿物有220余种。

1908年，欧内斯特·H.沙克尔顿带领一队人乘坐尼姆德号船到南极探险。他以前和斯科特到过南极大陆，因病中途返回，他现在希望发现一些新地方。1909年，他带领一个雪橇队走过罗斯冰岬，到达了南纬88° 23′的地方，此地离南极只有97英里，超过斯科特所到之地366英里，这是一个空前的进步。对于雪橇旅行，他说：

"我们看见前面未知的地方有很高的山峰，只有我们少数几个人看见了人类从未见过的陆地，我们兴奋极了。我们无法预知将来在南方有哪些新发现，有哪些奇迹，我们马不停蹄，除非冰雪和饥饿不允许我们前进，或是身体上的

◇地球的南极
　人类在太空俯瞰南极。

痛苦使我们觉得有回去的必要，否则没有别的能够阻止我们。"

　　1909年1月，由于天气奇冷、旅行艰难和缺粮，他们不得不返回。沙克尔顿在1909年1月4日的日记中写道："我们不久就要停止前进了。我们最多还能走5天，身体支撑不了太久了。"

　　在1909年1月9日的日记中，他又写道："这是我们前进的最后一天。这个高原中间没有隔断的地方，一直延伸到南极，我们必须要踏上归途了，我们已经尽了全力。"

　　他们中的一部分人勘定了南极的位置，还有一部分人来到埃雷布斯火山的山顶，此山高约1.3万英尺，十分活跃。

　　1910年，斯科特到南冰洋区域进行第二次旅行，目的是做科学考察和抵达南极。和上次一样，他把补给站设在了麦克麦多海峡，从那里直奔南极。

　　同一时期，挪威探险家阿蒙森也乘坐佛兰号船到南极探险。1911年1月，他来到鲸鱼湾并在那里设立了补给站，那里位于爱德华七世半岛以西100多英里。他打算从鲸鱼湾坐雪橇到南极去。

斯科特听说阿蒙森也到南冰洋来了，就在1911年 2 月的日记里写下了自己的心境。我们看他写的话就能知道他的人格有多么高尚，他的意志是多么坚决，他写道：

"阿蒙森的计划对我们当然是很大的打击。他离南极比我们要近60英里，但我们还是应当勇敢地前进。我们的责任就是尽力地前进，为国家的荣耀而牺牲。"

1912年 1 月15日，他们来到离南极只有27英里的地方。此时他们已经乘坐雪橇走了1 800英里，在两极地区乘雪橇走如此远的路而不间断，是人类有史以来的第一次。斯科特说："我们应当不断前进。"他担心阿蒙森已经领先了。

第二天，他的担心得到了证实——前面的雪地上有狗和雪橇的印迹。斯科

◇**南极洲的搁浅船只**
搁浅在南极洲的古老船只，由于年代久远，已经破旧不堪。

◇南极洲天堂湾
南极洲天堂湾堪称南极附近雄伟的冰雪盛境。

特说："挪威人早于我们到了南极，这太令人失望了，我对我忠实的同伴们说声抱歉。"

阿蒙森和斯科特为南极探险所做的准备工作几乎相同，但是气候和旅行中的突发状况对斯科特很不利。阿蒙森在1911年12月14日抵达南极，比斯科特早了1个月零2天。

1912年1月18日，斯科特和同行者来到了南极的冰地，那里的地面离海面几乎有10 000英尺，他们在附近发现了一个帐篷与阿蒙森成功的记录。他们在那里立起了国旗，并且留下一张证明书，证明他们已经到过南极，然后就动身回补给站了。人们都很失望，因为他们并不是率先到达南极的人。

但是他们都没能回到补给站。先是有2个同伴不幸去世，即便在那个时候，斯科特和剩下的2个伙伴还是不愿意抛弃沿途搜集的地质标本。如果抛弃这些东西，他们或许还有生还的可能。最后他们被饿死在了南极的狂风暴雪当中，此时他们离补给站还有150英里。

　　斯科特知道他们没有生还希望以后，沿途写了很多日记，保留了他的记录。在风雪中，他写道："对于这次旅行，我并不感到抱歉，因为它已经表明：人能够耐劳、能够互助，在临死之时还具有和平常一样的不屈不挠的精神。"

　　他在1912年3月29日的日记中写道："我们要坚持到底，虽然我们的身体日渐衰弱，但是离补给站已经没有多远了，不过我不相信我还能继续写下去。我要去照顾我的同伴们。"

　　斯科特出发前，在小屋岬留下了一部分人，这些人必须要等冬季过完以后才能出去寻找他们的首领。等他们于1912年10月30日出去寻找时，斯科特已经去世了。1912年12月12日，他们在一个帐篷里找到了斯科特等3人的遗体。